Jörg Zittlau

Leg dich nicht mit Krähen an!

atb aufbau taschenbuch

JÖRG ZITTLAU studierte Philosophie und Biologie. Er arbeitet als Wissenschaftsjournalist, unter anderem für »bild der wissenschaft«, »Psychologie heute« und »Die Welt«. Aus seiner Feder stammen über sechzig Bücher, die in insgesamt zwanzig Sprachen übersetzt wurden. Er lebt als freier Autor in Bremen.

Im Aufbau Taschenbuch Verlag erschien von ihm bisher: »Vertrau auf dein Glück – Eine philosophische Gebrauchsanleitung für den Alltag«.

Die Krähen haben es geschafft: Wissenschaftler haben eigens ein Symposium für sie ausgerufen. Denn man weiß nicht mehr weiter, weil die schwarzen Vögel immer tiefer ins Großstadtleben eindringen. Sie legen Flughäfen lahm, überziehen Autodächer mit ihrem ätzenden Kot, reißen Müllsäcke auf und stehlen Kindern die Bretzel aus der Hand.

Der Philosoph, Biologe und Wissenschaftsjournalist Jörg Zittlau zeigt: Immer mehr Tiere fühlen sich durch den exzessiven Lebensstil des Menschen derart provoziert und in die Enge gedrängt, dass sie den offenen Konflikt mit ihm suchen. Ameisen, die komplette Spielplätze entvölkern; Emu-Horden, die sich mit dem Militär anlegen; Wildschweine, die in Berlins Straßen randalieren; Schimpansen, die aus Labors und Tiergärten ausbrechen; Paviane, die Menschenbabys aus Kinderwagen entführen. Die Tierwelt hat offenbar die Geduld mit uns verloren – und sie wird in ihrem Kampf tatkräftig von der Evolution unterstützt.

Jörg Zittlau

Leg dich nicht mit Krähen an!

Wie Mensch und Tier
zusammenleben können

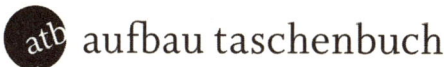 aufbau taschenbuch

MIX
Papier aus verantwor-
tungsvollen Quellen
FSC® C083411

ISBN 978-3-7466-3293-3

Aufbau Taschenbuch ist eine Marke
der Aufbau Verlag GmbH & Co. KG

1. Auflage 2017
© Aufbau Verlag GmbH & Co. KG, Berlin 2017
Umschlaggestaltung www.buerosued.de, München
unter Verwendung eines Motivs von
© www.buerosued.de
Innentypografie: Luisa Nowakowski, Leipzig
Gesetzt aus der Achille FY L durch Greiner & Reichel, Köln
Druck und Binden CPI books GmbH, Leck, Germany
Printed in Germany

www.aufbau-verlag.de

Inhalt

6

Achtung, die Aliens kommen! 153

7

Der Klimawandel kennt auch Sieger 177

8

Ohne Rückgrat ganz stark 185

9

Partner statt Untertan: Wie Mensch und Tier zusammenleben können 219

Aufstand auf der Animal Farm

Hat der Mensch zwei Gesichter? Eines vorne und eines hinten? So wie der berühmte Januskopf aus der römischen Mythologie? Vermutlich grübelte der Tiger nicht wirklich über diese Fragen, als sich die Bauern, Honigsammler und Waldarbeiter im Ganges-Delta eine Gesichtsmaske auf den Hinterkopf setzten, weil sie gehört hatten, dass er, der vorzugsweise aus dem Hinterhalt zuschlägt, die frontale Augenstellung des Menschen nicht aushalten könne. In jedem Falle aber schien er eingeschüchtert: Aufrecht gehende Wesen, die ihn vor- und rückwärts anstarren konnten – das war zuviel! Seine Attacken auf den Menschen gingen spürbar zurück. Stattdessen stürzte sich der Tiger auf die Haus- und Nutztiere, doch insgesamt freuten sich die schon von Armut, Umweltkatastrophen und Seuchen gebeutelten Bewohner des Deltas, dass sie selbst nicht mehr auf seiner Beuteliste standen.

Doch ihr Glück währte nur ein paar Monate. Dann erwischte es den ersten Holzfäller, als er in die Hocke ging, um durchzuschnaufen. Er trug zwar die Maske auf dem Hinterkopf, doch weil er die Senkrechte verlassen hatte, verlor ein in der Nähe lauernder Tiger seine Angst – und schlug zu. Von diesem Zeitpunkt an war der Janus-Trick Geschichte, die Doppelgesichter wurden genauso zur Beute wie die Frontalgucker. Man musste sich etwas Anderes einfallen lassen.

Doch die Kreativität war offenbar versiegt. Denn man unternahm das, was weltweit fast immer getan wird, wenn es gegen unliebsame Tiere geht: stellte Fallen auf, verteilte giftige Köder und zog mit Gewehren los. Nichts davon brachte eine nachhaltige Lösung des Problems. Ganz zu schweigen davon, dass Gewalt gegen Tiere in Indien weder in der Politik noch in der Bevölkerung eine breiten Rückhalt haben. Selbst als ein Tiger als »Man-Eater« überführt worden war, der sieben Menschenleben beendet hatte, gab es noch Gnadengesuche für ihn, weil er ja nur gemäß seiner Natur gehandelt habe. Also ritten Tiermediziner auf Elefanten in den Dschungel, um die Raubkatzen zu betäuben und lebend aus dem Verkehr zu ziehen. Doch diese zeigten echte Nehmerqualitäten und schafften es, sich zu verkriechen, obwohl bereits der Narkosepfeil in ihrem Oberschenkel steckte.

Der Stand heute: Mehr als achtzig Inder werden jedes Jahr von Tigern getötet, ein Viertel davon im Ganges-Delta. Immer wieder werden Dörfer von gestreiften »Man-Eatern« heimgesucht, die lieber sprechende Zwei- statt grunzende Vierbeiner fressen. Die Klagen der Bevölkerung halten sich indes in Grenzen, man hat sich mit der Situation arrangiert. Nicht nur, weil die Regierung finanzielle Zuwendungen versprochen hat, wenn die Bauern den Tiger nachweislich aus ihrem Viehbestand füttern, damit er seinen Appetit auf Menschen vergisst. Sondern auch, weil die Raubkatze seit jeher zum Dschungel gehört. Außerdem hat man begriffen, dass man den Tigern in den letzten Jahrzehnten sehr viel Lebensraum weggenommen hat und es daher zwangsläufig zu Kollisionen mit dem Menschen kommen muss. Und schließlich wissen die Siedler im Ganges-Delta aus leidvoller Erfahrung, dass sie eher durch Tollwut, Schlangenbisse, Krankheiten und Umweltkatastrophen ums Leben kommen als durch einen Tiger. So etwas relativiert und entkrampft den Blick auf die angeblich böse Kreatur.

Eine solch entspannte Weisheit würde auch hierzulande helfen, die Konfliktsituationen zwischen Tier und Mensch zu entschärfen. Und diese Entschärfung ist nötiger denn je. Denn die Konflikte zwischen Mensch und Tier nehmen weltweit zu, und diese Entwicklung macht auch vor Deutschland nicht Halt.

So sind in Großstädten wie Berlin, Dresden, Bremen und Koblenz bereits ganze Stadtteile unter der Kontrolle von zivilisationstauglichen Raben und Krähen. Sie zwacken den Hunden in die Schwänze, greifen sich die Bretzel aus der Babyhand, reißen gelbe Säcke auf und picken für den Nestbau Dichtungen aus den Fenstern. Die Taubenschwärme sorgen hingegen für stickige Luft, weil sie gerne in den Ansaugrohren von Klimaanlagen nisten, während Quallen beim Verstopfen von Atomkraftwerken gleich komplette Stromausfälle provozieren. Das alles ist lästig und oft auch teuer, doch gefährlicher wird es, wenn Schimpansen auf spielende Kinder losgehen und Elefanten den Fluchtweg panisch verängstigter Menschen versperren. Und an afrikanischen Gewässern muss man sich vor Flusspferden in Acht nehmen, denn die Dickhäuter töten jährlich etwa hundert Menschen und damit deutlich mehr als etwa die räuberischen Löwen. Flusspferd-Mamas können eben sehr aggressiv werden, wenn man ihrem Nachwuchs zu nahe kommt.

Die Haibestände in den Ozeanen haben sich wieder so weit erholt, dass sie allmählich wieder mit den Flusspferden mithalten können, während in Brasilien die Vogelbestände durch Abholzung soweit heruntergegangen sind, dass Blut saugende Vampirfledermäuse ihren Speiseplan geändert haben: Ab sofort werden kaum noch Federtiere angezapft, sondern vor allem Menschen, was bei denen das Infektionsrisiko steigen lässt. Trotzdem geht davon nicht annähernd so viel Gefahr aus wie von der Anopheles-Mücke: Sie lässt pro Minute zwei Menschen an Malaria sterben – und ihr Verbreitungsgebiet erstreckt sich immer weiter nach Norden. Zum Glück nicht so gefährlich sind die pfiffigen Straßenhunde, die in Moskau jeden Morgen mit der U-Bahn in die Stadtmitte fahren, weil sie dort mehr Erfolge mit Betteln und Wegelagerei haben.

Allerdings sollte sich der Mensch ohnehin nicht über die Tierinvasionen beklagen. Denn fast immer trägt er eine Mitschuld, wenn es zwischen ihm und irgendeiner Tierart zu mehr oder weniger gefährlichen Konflikten kommt. Weil er ihnen Lebensraum und Nahrung nimmt; weil er sie bejagt oder ausbeutet; weil er ökologische Gleichgewichte destabilisiert, so dass sich bestimmte, für ihn eher unangenehme Tierarten mehr durchsetzen können; weil er die Bedürfnisse und Reaktionen von Tieren falsch einschätzt oder schlichtweg ignoriert. Und nicht zuletzt sorgt er durch seine Mobilität und dem von ihm maßgeblich eingeleiteten Klimawandel dafür, dass sich Tierarten dorthin verbreiten können, wo sie nicht hingehören.

Sei es, dass potentiell hochinfektiöse Tigermücken über den Reifenhandel nach Europa kommen und indische Tigerpythons in den Everglades ausgesetzt werden, wo sie dann ahnungslose Krokodile erlegen, noch ahnungslosere Touristen erschrecken und sogar den cleveren Waschbären vertreiben, der sich dafür in Mecklenburg-Vorpommern den Ruf eines frechen und schädlichen Zuwanderers erwirbt. Sei es, dass eingeschleppte Katzen, Ratten, Wiesel und Kaninchen komplette Inseln und sogar Kontinente ökologisch verwüsten oder sich die Raupen des asiatischen Schwammspinners quer durch Massachusetts fressen: Tierinvasionen werden von Ökologen und Biologen als das konfliktträchtige Problem von Gegenwart und Zukunft betrachtet.

Es ist jedoch nicht die Absicht dieses Buches, den Leser zu verängstigen oder gar in Duldungsstarre zu versetzen, nach dem Muster: »Wir haben die Tiere gereizt, jetzt schlagen sie zurück – und wir können nichts dagegen tun.« Denn die Tierwelt fühlt gegen uns keinen prinzipiellen Zorn und schon gar keine Rachegefühle, sie reagiert nur auf den Wandel der Umweltbedingungen, den wir eingeleitet haben; und das tut sie mit allen Mitteln, die ihr zur Verfügung stehen. Das sieht zwar manchmal aus wie Krieg, wenn etwa Elefanten ein Dorf platt treten oder millionenköpfige Ameisenkolonien über den Obstgarten herfallen. Doch letzten Endes sind es nur Überlebensversuche in einer Umwelt, die sich nicht zuletzt durch den Einfluss des Menschen schneller ändert denn je.

Wir hingegen haben die Möglichkeit, nicht nur zu reagieren, indem wir etwa kübelweise Gift verstreuen, kilometerlange Elektrozäune aufstellen und unsere Kulturpflanzen per Genmanipulation gegen Schädlingsfraß schützen. Wir können auch agieren und die Welt so gestalten, dass wir konfliktarm mit ihren Lebewesen zusammenleben. Wohlgemerkt: Konfliktarm, denn völlig ohne Konflikte geht es in der Evolution nicht. Aber wir sollten akzeptieren, dass die Natur nicht dazu da ist, dass wir sie uns untertan machen. Sondern sie ist einfach nur da, und sie wird auch noch da sein, wenn der Mensch schon längst verschwunden ist. Wir sollten die kurze Zeit mit ihr nutzen – und keinen vergeblichen Kampf gegen sie führen.

1 Überzahl schaffen: Wenn Tiere durch Anpassung triumphieren

Für Leonardo da Vinci stand fest:

»In der Natur ist kein Irrtum, sondern wisse, der Irrtum ist in dir.«

Zu perfekt kam dem Universalgenie all das Walten und Gestalten in der Natur vor, als dass er irgendwelche Zweifel an ihrer Unfehlbarkeit zulassen konnte. Vielmehr hätten unsere Zweifel ihre eigentliche Ursache nicht in ihren Objekten, sondern in ihrem Subjekt. Mit anderen Worten: Sofern uns in der Natur ein Fehler auffallen würde, läge das nicht an der Natur, sondern allein an uns und unserem fehlerhaften Erkenntnisapparat.

Solche Ein- und Ansichten passen zu Leonardo, der ein demütiger Mensch war. Obwohl ausgestattet mit außergewöhnlichem Talent, sah er die eigentliche Perfektion nicht in sich selbst, sondern in der Welt um sich herum. Weil er von der Überzeugung getragen wurde, dass die Natur einem göttlichen Wurf, einem einmaligen göttlichen Schöpfungsakt entsprungen sei. Und wenn man der Natur zuschaut – etwa dem mühelos durch die Luft gleitenden Adler, den von unsichtbarer Hand gesteuerten Fisch- und Vogelschwärmen und dem winzigen Bärtierchen, das selbst radioaktive Strahlen, brütende Hitze und härtesten Frost übersteht –, mag man ihm Recht geben. So etwas Perfektes kann ja eigentlich nur ein ebenso perfektes Wesen geschaffen haben.

Doch einige Jahrhunderte nach Leonardo kam Charles Darwin. Er sammelte schon als Kind fleißig Muscheln, Insekten, Vogeleier und Steine, doch dann verschlug es ihn erst mal zum Studium der Medizin. Die dort abgehaltenen Vorlesungen fand er allerdings schon bald langweilig und die Operationen einfach nur widerlich, weswegen er zur Theologie wechselte, um danach für eine Weile als Landpfarrer zu arbeiten. Fast hatte er sich schon damit abgefunden, diesen Job bis zum Ende seiner Tage zu verrichten, schien doch genau das Gott für ihn vorgesehen zu haben, so wie er das Fliegen für den Albatros und das Blutsaugen für die Mücke vorgesehen hatte.

Ein Großcousin jedoch weckte wieder das Kind in Charles, indem er ihn in die Welt der Insekten einführte und ihn mit einem der führenden Botaniker der Zeit, John Stevens Henslow, bekannt machte. Als er von diesem hörte, dass man für die nächste Fahrt des Erkundungsschiffes »Beagle« einen standesgemäßen und naturwissenschaftlich gebildeten Begleiter suchte, gab es für den wissbegierigen Charles kein Halten mehr: Er ging zur See. Fünf Jahre lang! Und dabei durchlebte er unzählige Naturbeobachtungen und Lesestunden, die in ihm ein Modell reifen ließen, das die Welt in ihren Grundfesten erschüttern sollte und Leonardo wohl auf die Palme gebracht hätte: die Evolutionstheorie.

Ihre Kernaussage: Die Tier- und Pflanzenarten sind nicht das Produkt einer Schöpfung, die sie mit festgelegten Merkmalen und Fähigkeiten ausgestattet hatte, sondern die Folge eines Anpassungsprozesses, der den Lebewesen das Überleben in einer sich verändernden Umwelt sichert. Laut Darwin produziert eine biologische Art immer wieder Nachkommen mit winzig kleinen Veränderungen, sogenannten »Transmutationen«, von denen nur solche überleben, die den Erfordernissen der Umwelt angepasst sind, während die unangepassten schon bald wieder verschwinden. Die angepassten Mutanten hingegen überleben nicht nur, sie produzieren auch Kinder, Enkel, Urenkel und viele weitere Generationen, in denen sich wiederum die leistungsstarken Mutanten durchsetzen, bis am Ende eine neue Art entstanden ist. Sämtliche Tier- und Pflanzenarten – und auch der Mensch – sind also laut Darwin das Produkt dieses Ausleseprozesses, das als »Survival of the fittest« in die Geschichte eingegangen ist – und für allerlei Missverständnisse gesorgt hat.

Ein besonders großes Missverständnis besteht darin, dass viele Leute glauben, dass in der Evolution nur der Stärkste überlebt, während die Schwächeren zum Aussterben verurteilt sind. Eine »evolutionäre Logik«, die auch immer wieder gerne auf menschliche Gesellschaften übertragen wird, um beispielsweise Machtansprüche und Brutalitäten als »Recht des Stärkeren« zu verklären. Oder auch, um die Probleme von sozial Schwächeren als Abschiedsgesang von Verlierern abzukanzeln, die ohnehin bald vom Globus verschwinden müssen. Tatsache ist jedoch: Nicht der Stärkste überlebt, sondern derjenige, der am besten angepasst ist. Nicht umsonst verschwanden die Dinosaurier von der Bildfläche. Denn sie waren zwar stark, doch völlig überfordert, als sich auf der Erde – vermutlich aufgrund eines Meteoriteneinschlags und massiver Vulkantätigkeiten – plötzlich die Umweltbedingungen änderten.

Tier- und Pflanzenarten besitzen also in einer sich verändernden Umwelt umso bessere Überlebenschancen, je besser ihnen selbst die Veränderung gelingt, und zwar im Sinne einer Anpassung an die Umwelt. Der Mensch hat allerdings in dieser Hinsicht einen Sonderweg eingeschlagen.

Denn er hat – ausgestattet mit einem wenig leistungsfähigen Körper, dafür aber einem extrem leistungsstarken Gehirn – umgekehrt die Umwelt sich und seinen Bedürfnissen angepasst. So hat er beispielsweise Kleidung, Häuser und Heizungen geschaffen, die ihn – als pelzloses Wesen – warmhalten können. Und weil er weder viele Kilometer fliegen kann wie ein Storch noch viele Kilometer schwimmen kann wie ein Buckelwal, hat er Flugzeuge und Schiffe gebaut. Mittlerweile kann er per Telefon oder Internet sogar mit Mitmenschen auf der anderen Seite des Globus in Kontakt kommen, ohne überhaupt noch das Haus verlassen zu müssen. Und dafür braucht er keine Mutationen: Während die Darwin-Finken von Galapagos viele Generationen warten mussten, bis ihnen ein langer Schnabel zum Aufhacken bestimmter Früchte gewachsen war, baut sich der Mensch einfach entsprechendes Werkzeug, wenn er etwas kriegen oder erreichen will. Dadurch kommt man viel schneller zum Ziel, und man behält die Kontrolle.

Mittlerweile haben die Anpassungsleistungen des Menschen jedoch Dimensionen erreicht, die deutliche Spuren in der Umwelt hinterlassen und dadurch den Anpassungsdruck auf deren Bewohner extrem erhöhen. So wurden durch den Häuser- und Straßenbau große Naturflächen zerstört sowie viele Tiere und Pflanzen verdrängt; Heizung, Mobilität und mittlerweile fast die komplette Alltagsbewältigung erfordern Energien, zu deren Produktion tonnenweise Treibhausgase in die Atmosphäre geblasen werden, und immer mehr Gegenden ersticken unter Smog und Abfall, auf den Ozeanen treiben gigantische Teppiche aus Plastikmüll. Der Mensch verändert die Umwelt in einem Eiltempo, das normalerweise in der Evolution nicht vorkommt; es sei denn, dass ein Meteor einschlägt oder gleich mehrere Vulkane ausbrechen. Den Lebewesen dieser Welt – also auch dem Menschen selbst – werden dadurch enorme Anpassungsleistungen abverlangt. Man muss darin schneller sein als je zuvor.

Beispiel: Klimawandel. Bisherige Eiszeiten erstreckten

sich über Jahrtausende oder wenigstens Jahrhunderte, so dass die Lebewesen viel Zeit hatten, sich darauf einzustellen. Einigen hat sie zwar nicht gereicht wie etwa dem Mammut und dem Neandertaler, doch die meisten Lebewesen kamen heil durch die Kälteperioden, weil sie davon gefordert, aber eben nicht überrumpelt wurden. Der Klimawandel aber erfordert ein deutlich zügigeres Reagieren. So schrumpft seit den 1980ern das Arktiseis in einem atemberaubenden Tempo, um etwa acht Prozent pro Jahrzehnt. Was nicht nur den Eisbären die Trittfläche raubt, sondern extreme Wetterereignisse wie etwa die Hitzewellen in Russland (2010) und den USA (2012) oder weltweit sintflutartige Regenfälle und Überschwemmungen nach sich zieht. Der Meeresspiegel stieg in den letzten 20 Jahren um 3,2 Millimeter jährlich und damit doppelt so schnell wie die Jahre zuvor. In der Folge verwandeln die Sturmfluten immer größere Flächen in öde Salzflächen. Das Prinzip »Bloß keine Hektik« kann hier leicht auf die Streichliste der Evolution führen. Am Ende wird nur derjenige übrig bleiben, dem die Anpassung *schnell* gelingt. Doch wer wird das sein?

Wer kann Turbo-Evolution?

Auf den ersten Blick könnte man vermuten, dass derjenige, der für die radikalen Umweltveränderungen der letzten Jahre verantwortlich zeichnet, sie auch am besten bewältigen wird. Das wäre dann also der Mensch. Ganz zu schweigen davon, dass er ja auch ein ausgewiesener Experte für Turbo-Evolution ist. Laut aktueller Einschätzung von Wissenschaftlern lebten die ersten Vertreter der Gattung Homo vor 2,4, höchstens 2,8 Millionen Jahren, was relativ zu den insgesamt 3,5 Milliarden Jahren der Evolution nicht einmal den Wert von einer Minute auf einen kompletten Tag ausmacht. In diesem kurzen Abschnitt wurden aus affenartigen Baumkletterern und Ast-zu-Ast-Springern hochtechnisierte Weltraumflieger und Facebook-zu-Twitter-Hüpfer. Die Art »Homo sapiens«, also den eigentlichen Menschen gibt es sogar erst seit etwa 200000 Jahren, und lediglich im letzten Viertel davon wurden typische Kulturmerkmale wie Ackerbau und Totenbestattungen entwickelt. Vermutlich, weil der Körper des Homo sapiens plötzlich geringere Mengen des auf Krawall bürstenden Männerhormons Testosteron bildete. 50000 Jahre, das sind vor dem Hintergrund der Evolution des Lebens gerade mal ein Siebzig-Tausendstel. Warum sollte jemand, der binnen solch kurzer Frist zum Kulturwesen geworden ist, nicht auch der Beste darin werden können, in der katastrophalen Umweltsuppe zu leben, die er sich selbst eingebrockt hat?

Die Antwort: Er wird es genauso wenig schaffen, wie es der Autofahrer nach dem Totalcrash auf der Autobahn schaffen wird, sich selbst eine Herzmassage zu verabreichen. Der Mensch hat sich in eine Situation manövriert, für die sein biologisches Anpassungstempo nicht mehr ausreicht. Möglich (wenn auch nicht wahrscheinlich), dass er mit seinem Gehirn und weisen Entscheidungen einen Ausweg daraus findet, indem er beispielsweise ein Konzept entwickelt, wie man insgesamt die Umweltverschmutzung, den Klimawandel und die Ausnutzung der Naturressourcen stoppt. Aber auf die Evolution sollte er nicht hoffen, denn da sind ihm andere Lebewesen weit voraus.

Denn bei näherer Betrachtung bedeutet das »Survival-of-the-Fittest« von Darwin, dass vor allem jene Arten die besten Chancen auf den Fortbestand haben, die binnen kurzer Zeit viele genetische Variationen – sprich: neue Modelle – produzieren. Die können sich dann in der Welt bewähren und – sofern ihnen die Bewährung gelingt – ihrerseits neue Modelle produzieren. Ratten beispielsweise beherrschen so etwas aus dem Effeff. Deren Weibchen können es mit Kindern und Kindeskindern durchaus auf fünfhundert Nachkommen jährlich bringen, von denen jeder Einzelne sich im Kampf mit der Umwelt versuchen darf. Ein Karpfen kann sogar mehr als 1,5 Millionen Eier pro Jahr legen. Von denen schaffen es natürlich nur wenige bis zum geschlüpften und schließlich fortpflanzungsfähigen Tier, doch die Vermehrungsquote eines solchen Fisches dürfte selbst bei vorsichtiger Schätzung noch um ein Vielfaches höher sein als beim deutschen Bundesbürger, dessen Frau es gerade noch auf 1,5 Kinder in ihrem Leben bringt. Solche Quoten reichen nicht einmal mehr für den Arterhalt, und sie reichen erst recht nicht, um sich genetisch einer Umwelt anzupassen, die sich schneller verändert als je zuvor. Weswegen Ratten immer wieder Resistenzen gegen die Gifte entwickeln, die man gegen sie einsetzt, während der Mensch in unseren Breiten immer mehr Allergien entwickelt, weil sein Immunsystem nicht mehr mit den unzähligen, von ihm selbst hergestellten Stoffen klar kommt. Das eine Lebewesen triumphiert wegen seiner Fortpflanzungsfreude und entsprechenden Modellvielfalt, während das andere wegen seiner Fortpflanzungsträgheit und entsprechenden Modellverarmung nicht einmal mehr die Welt ertragen kann, die es selbst erschaffen hat.

Anpassung funktioniert auch umgekehrt

Hinzu kommt, dass die aktuellen Umweltveränderungen vielen Tierarten in die Karten spielen. Wechselwarme Tiere wie etwa Quallen, Zecken und Insekten profitieren davon, wenn sich die Kälte durch den Klimawandel weltweit zurückzieht. Es erweckt sie im wahrsten Sinne zum Leben. Hier haben wir sozusagen eine Umkehrung des Anpassungsprinzips: Die Tiere müssen sich nicht mehr der Umwelt anpassen, sondern sie können entspannt abwarten, wie sich die Umwelt zu ihren Gunsten verändert. So wurde Mannheim zu Zeiten Friedrich Schillers vom »kalten Fieber« heimgesucht, der Malaria. Tausende Bürger erkrankten daran, darunter auch der Autor des »Wallenstein«, weil damals Mücken über den Betten kreisten, die den zuständigen Erreger übertragen konnten. In den 1920ern verschwand dann die Krankheit von der Bildfläche, um nach dem zweiten Weltkrieg durch die Flüchtlingsströme noch einmal kurz zurückzukehren. Doch seitdem ist Ruhe, weil sich die Überträgermücken in andere, nassfeuchtere Gegenden zurückgezogen haben und lieber Kühe als den Menschen stechen. Doch das kann sich wegen des Klimawandels bald wieder ändern. Denn die ägyptische Tigermücke ist bereits auf dem Weg nach Deutschland, sie führt Krankheiten wie Zica und Gelbfieber in ihrem Gepäck.

Worüber man aber an dieser Stelle schon unbedingt sprechen muss: dass sich die Tierwelt nicht nur über ihre genetische Flexibilität der Umwelt anpasst, sondern in dieser Hinsicht – ähnlich wie der Mensch – oft auch auf eine beachtliche Intelligenz zurückgreifen kann. Bei einigen Tieren liegt sie offen auf der Hand, wie etwa bei Affen und Elefanten. Bei anderen erschließt sie sich hingegen mehr auf den zweiten Blick.

Intelligenz ohne Schädel:
Kraken haben alles im Griff

Paul lebte im Ruhrgebiet, aber seine ursprüngliche Heimat war die Nordsee vor der Küste Südenglands. Seine große Zeit kam bei der Fußball-EM 2008 und zwei Jahre später bei der WM, als ihn das Management des *Sea Life Centre* in Oberhausen dazu bestimmte, die Ergebnisse – vorzugsweise für Spiele mit deutscher Beteiligung – vorherzusagen. Und zwar dadurch, indem er Miesmuscheln aus unterschiedlichen Behältern zog, die mit den Nationalfarben der teilnehmenden Länder bemalt waren. Seine Trefferquote war hoch, in zwölf von vierzehn Partien tippte er auf den richtigen Sieger. Paul, der Octopus vulgaris aus dem Ruhrgebiet, erntete über Deutschland hinaus viel Anerkennung. Die *Washington Post* bescheinigte ihm »hellseherische Fähigkeiten«, sein Orakel-Procedere für das WM-Halbfinale Deutschland gegen Spanien wurde weltweit im Fernsehen übertragen.

Selbst die Wissenschaft debattierte über ihn. Statistiker forderten, dass seine hellseherischen Fähigkeiten unter standardisierten Bedingungen überprüft werden sollten. Ein Zoologe vermutete, dass Paul nur deshalb seine Muscheln bevorzugt aus dem Behälter mit deutscher und spanischer Flagge gezogen hätte, weil Kraken sich zu kräftigen Farben mit horizontalem Verlauf hingezogen fühlten. Einen Beweis für diese Behauptung hatte er allerdings nicht; bis heute ist noch nicht einmal klar, ob Kraken überhaupt Farben sehen können.

Der ungarische Verhaltensforscher Vilmos Csányi hält es deshalb für möglich, dass Paul manipuliert wurde. Denn, so sein Argument, der Krake sei »ein kluges Tier, das in der Lage ist, Probleme zu lösen«. So verfüge er über ein gutes Gedächtnis und sei fähig, eine Box zu öffnen, aber hinter dem Tier stehe »wahrscheinlich ein Fußballexperte, der die Lieblingsspeise des Kraken in der Box verbergen ließ, die jener Mannschaft zugeordnet war, deren Sieg er erwartete«. Das heißt: Paul ließ sich bestechen. Was zwar seine Orakeleigenschaften disqualifizierte, dafür aber umso eindrucksvoller dokumentierte, wie anpassungs- und lernfähig er war.

Solche Eigenschaften sind nämlich für Kopffüßer, zu denen neben den Kraken auch Tintenfische und Kalmare gehören, nicht ungewöhnlich. Denn die Cephalopoden, so ihr lateinischer Name, beeindrucken immer wieder durch hohe Intelligenz. Schon der bekannte Meeresforscher Jacques-Yves Cousteau wusste zu berichten: »Wenn ein Taucher die Augen eines großen Kraken auf sich gerichtet sieht, empfindet er eine Art Respekt, so als begegne er einem sehr klugen, sehr alten Tier.« Tatsächlich finden sich Kopffüßer in einem Irrgarten besser zurecht als ein Menschenaffe. Den Schraubverschluss eines Marmeladenglases zu öffnen ist für sie erst recht kein Problem – vorausgesetzt, dass in dem Glas kein Fruchtgelee, sondern eine fette Garnele auf sie wartet.

Im Frühjahr 2016 gelang einem Kraken namens Kinky die Flucht aus dem National-Aquarium von Neuseeland. Die dortigen Mitarbeiter rätseln bis heute, wie er das anstellte. Die vorherrschende Theorie lautet: Ein unachtsamer Techniker hatte einen Spalt am oberen Rand des Wassertanks offen gelassen, durch den sich das Weichtier durchquetschte, um sich dann – an seinen langen Armen – in ein Abflussrohr unterhalb des Besucherbereichs abzuseilen. In jedem Falle zeigte Kinky bei seiner Flucht geradezu planerische Weitsicht. »Wir wussten schon immer, dass er sehr neugierig ist«, so Aquariumsdirektor Rob Yarrel. »Aber offenbar ist er noch klüger, als wir dachten.«

Vermutlich verfügt jeder einzelne Kopffüßer sogar über eine individuelle Persönlichkeit. In einem Labor der Macquarie University in Sydney konfrontierte man Kraken mit einem Film, in dem eine Krabbe auf den Betrachter zumarschierte. Daraufhin liefen einige der Achtfüßer davon, andere wurden aggressiv, während wieder andere gelassen blieben und sich den Film weiter anschauten – sie fühlten sich offenbar bestens unterhalten. Als man das Experiment eine Woche später wiederholte, hatten einige Kraken ihre Persönlichkeit geändert. Aus dem einen oder anderen Angsthasen war ein entspannter Zuschauer und aus dem einen oder anderen Zuschauer ein aggressiver Kämpfer geworden. Was Studienleiterin Renata Pronk zu dem Fazit bringt: »Kraken haben offenbar keine lebenslange, sondern eine episodische Persönlichkeit.« Als Charakterschwäche sollte man das jedoch nicht auslegen. Denn erstens ist auch die Persönlichkeit des Homo sapiens nicht annähernd so stabil, wie er glaubt. Und zweitens kann ein wandelbarer Charakter auch für eine beachtliche Lernfähigkeit stehen. Oder anders ausgedrückt: Im Gehirn sind Kopffüßer ähnlich leistungsstark und flexibel wie ihre Arme.

Wobei zwischen beiden Organen ein enger Zusammenhang besteht. Aus der Evolution von Elefanten wissen wir, dass ihr IQ regelrecht explodierte, als sie mit ihrem Rüssel zu greifen begannen. Und auch der Mensch verdankt einen Großteil seiner Intelligenz der besonderen Konstruktion seiner Hand. Mit ihr kann er nämlich die Welt – taktil wie auch kognitiv – *begreifen*. Weswegen Entwicklungspsychologen betonen, dass man Kinder weniger vor der Glotze parken, als ihnen Gegenstände zum Betasten und Umschließen geben sollte. Denn das setzt im Gehirn Prozesse in Gang, die der visuelle Sinn allein nicht einmal annähernd anstoßen kann.

Die Intelligenz der Kopffüßer ist also eher naheliegend als überraschend, denn mit ihren Greifarmen können sie sich die Welt ähnlich gut erschließen wie der Homo sapiens mit seiner Hand. Dessen Zusatz »sapiens« würde auch einem Kraken gut zu Gesicht stehen: Octopus sapiens. Es würde besser klingen als das degradierende »vulgaris«. In jedem Falle aber dürfen wir von den Kopffüßern im Wettkampf gegen den Menschen eine Menge erwarten – und das zeigen sie momentan auch.

Seid umschlungen von Millionen!

Denn während das Leben im Meer für viele Lebewesen – infolge von Jagd, Dreck, Säuren und Wärme – unerträglich geworden ist und sich dort in den letzten vierzig Jahren die Bestände von über 1200 Wirbeltierarten halbiert haben, geht es den Kraken und ihren vielarmigen Kollegen so gut wie lange nicht mehr. Ein Forscherteam der University of Adelaide hat untersucht, wie sich weltweit zwischen 1953 und 2013 die Bestände von fünfunddreißig ausgewählten Kopffüßerarten entwickelt haben. Dazu zählten beispielsweise Riesenkraken und pazifische Flug-Kalmare, die weltweit und regelmäßig von Wissenschaftlern und Fischern eingefangen und statistisch erfasst werden.

Die australische Studie ergab: Im Unterschied zu vielen Wirbeltieren haben die Wirbellosen mit ihren Fangarmen alles bestens im Griff. Ihr Bestand hat größtenteils zugenommen, die Zahl der auf hoher See gefangenen Kalmare ist sogar drei Mal so hoch wie vor siebzig Jahren. Wer früher durch die Nordsee fischte, hatte nur in Ausnahmefällen einen der scheuen und vorsichtigen Tintenfische im Netz, mittlerweile jedoch findet man sie dort weitaus häufiger als Kabeljau und Hering. »Im Öko-System der Meere passiert offenbar etwas, was den Cephalopoden in großem Maße entgegen kommt«, erklärt Studienleiterin Zoë Doubleday.

Eine dieser Veränderungen betrifft die Temperatur: Das

Wasser in den Meeren wird immer wärmer, und davon profitieren ektotherme Tiere wie die Kopffüßer, deren Körpertemperatur wesentlich von der Umwelt abhängt. Schon ein bis zwei Grad mehr reichen aus, sie deutlich schneller wachsen und mehr Nachwuchs produzieren zu lassen. »Vorausgesetzt, dass der Temperaturanstieg nicht ihre Nahrung einschränkt«, so Doubleday.

Auf der anderen Seite landen die Kopffüßer ihrerseits kaum noch in anderen Mägen. Der Riesenkalmar etwa wurde früher immer wieder von Pottwalen attackiert, die für ihre grätenfreie Leibspeise auch schon mal über fünfhundert Meter in die Tiefe tauchten. Diese Gefahr ist nur noch eine Marginalie, denn die Meeressäuger können den Bestand der Kalmare nicht mehr kontrollieren, weil sie selbst kaum noch einen Bestand haben, infolge der menschlichen Massenbejagung. Aus dem gleichen Grund gingen in der Nordsee Kabeljau, Seehecht und Schellfisch zurück. Was nicht nur zur Folge hat, dass die dortigen Tintenfische kaum noch Feinde haben. Die lernfähigen Kopffüßer haben auch, weil sie ja immer mehr Jagdkonkurrenz aus dem eigenen Lager bemerken, ihren Speiseplan erweitert – und fressen jetzt auch den Nachwuchs der Raubfische, von denen sie früher bejagt wurden.

Womit wir bei der entscheidenden Erklärung für den Siegeszug der Kopffüßer sind: ihre hohe Anpassungsfähigkeit. »Wir sprechen von ihnen gerne als Unkraut der Meere«, scherzt Meeresbiologin Gretta Pecl von der University of Tasmania. Und zwar nicht, weil sie lästig, sondern weil sie einfach nicht totzukriegen seien. So leben Kopffüßer meistens nur ein bis vier Jahre, ein schneller Generationenwechsel bringt also in kurzen Abständen immer wieder neue genetische Varianten hervor, mit denen man sich im Überlebenskampf der Evolution bewähren kann.

Ganz zu schweigen von ihrer bereits erwähnten Intelligenz. Sie haben zwar keinen Schädel, der ihr Gehirn beschützen könnte. Aber das heißt nicht, dass dort nichts wäre, das man schützen müsste. Der US-amerikanische Neurobiologe Ted Bullock attestiert dem Zentralen Nervensystem der Kopffüßer einen »hochdifferenzierten anatomischen Aufbau«. Unter dem Mikroskop sehe es aus »wie ein kompliziertes Gehirn«. Einen Meeresbiologen wundert es schon lange nicht mehr, dass diese Tiere knifflige Probleme lösen können. Sie können nicht nur aus Aquarien fliehen, Schraubverschlüsse öffnen und sich in Irrgärten zurechtfinden. Australische Forscher entdeckten kürzlich eine Krakenart, die aus Kokosnussschalen eine Art Wohnwagen baut. Und sie machen das nicht erst, wenn ein befeindeter Fisch in der Nähe ist, sondern frühzeitig, wenn sie noch gar keiner konkreten Bedrohung ausgesetzt sind. Hätte der Mensch in seiner Geschichte öfter eine solche Weitsicht bewiesen, wären ihm viele seiner heutigen Probleme erspart geblieben. Wie etwa, dass er keinen Kabeljau mehr auf dem Teller hat.

Glibbern gegen Atomkraft:
Quallen sind zur Not unsterblich

Wie die Kopffüßer gehören auch Quallen zu den Weichtieren des Meeres. Allerdings sind sie deutlich einfacher konstruiert. Sie haben weder Hirn noch Lunge noch Herz, ihr Mund ist gleichzeitig ihr After, und der Großteil ihrer Masse besteht aus einem Zucker-Eiweiß-Gelee, das zwischen zwei dünnen Zellschichten eingebettet ist. Muskeln findet man dort nur wenig, ihr Anteil beträgt gerade mal zehn Prozent. Zum Vergleich: Beim Fisch sind es fünfzig Prozent, und selbst ein menschlicher Nicht-Sportler und Bürostuhlpilot bringt in der Regel noch dreißig (bei den Frauen) bis vierzig (bei den Männern) Prozent Muskelmasse mit. Weshalb eine Qualle gar nicht anders kann, als gemächlich durchs Wasser zu gleiten. Auch wenn sie ein Fleischfresser ist. Aber sie wartet eben darauf, bis die Beute zu ihr kommt. Oder aber, sie jagt nach Lebewesen, die noch langsamer sind als sie. Wie etwa Schnecken, Fischlarven oder kleine Krebse.

Trotz ihrer konstruktiven Schlichtheit hat die Qualle schon eine lange Geschichte hinter sich. Die fossile Datenlage ist zwar unsicher (weil Weichtiere bekanntlich keine Knochenabdrücke hinterlassen können), doch die Paläontologie geht davon aus, dass die ersten Quallen bereits vor über 550 Millionen Jahren durchs Meer schwammen. Also ein echtes Erfolgsmodell der Evolution – und das hat mehrere Gründe.

So verfügen Quallen vor allem in ihren Tentakeln über Nesselzellen, die bei Berührung einen giftigen Dorn in den Feind oder die Beute schießen. Mit der Geschwindigkeit einer Gewehrkugel! Und teilweise mit der Toxizität einer Königskobra! Andererseits sind die Weichtiere auch ein Muster an Energieeffizienz. Am Marine Biological Laboratory im US-amerikanischen Woods Hole analysierte man per High-Speed-Kamera und Computer die Abläufe, wenn eine Qualle ihren Schirm auf- und zuklappt, um sich per Rückstoß durchs Wasser zu pumpen. Es zeigte sich, dass gerade mal ein Fünftel dieser Bewegung durch Muskelkraft in Gang gesetzt wird. Der restliche Schub entsteht, während sich der Quallenschirm passiv entspannt. Dabei entsteht ein ringförmiger Wirbel, der dem Tier einen Großteil der zuvor investierten Energie wieder zurückgibt. »Dieses Prinzip macht die Qualle zu einem dreieinhalbfach effektiveren Schwimmer als den Lachs«, erklärt Studienleiter und Meereskundler Brad Gemmell. Und dieser Fisch besitzt ja aufgrund seiner Bergauf-Schwimmleistungen geradezu einen Legendenstatus.

Ein weiterer Pluspunkt für die Qualle: Der Terminus »Unkraut des Meeres« passt auf sie noch weit mehr als auf Kraken und andere Kopffüßer. Denn die klassischen biologischen Krisen zaubern ihr allenfalls ein Lächeln auf den Aftermund. Wenn etwa die Nahrung ausfällt, bedient sie sich aus ihrem zucker-und eiweißhaltigen Gelee. Und wenn es sein muss, vertilgt sie sogar ihre eigenen Geschlechtsorgane. Im Notfall kann sie ihr Körpergewicht um neunundneunzig Prozent herunterschrauben, ohne irgendeinen Schaden zu nehmen.

Wenn im Wasser der Sauerstoff ausgeht oder ihr weicher Körper an Land gespült wird, bedient sich die Qualle aus den eingeschlossenen Luftblasen in ihrem Gelee. Auf diese Weise kann sie noch bis zu zwei Stunden weiterleben. Für eine Qualle namens *Turritopsos dohrnii* hat aber die Evolution einen noch effektiveren Schritt für den Arterhalt gefunden. Und eigentlich ist er so effektiv, dass er durch nichts übertrumpft werden kann. Denn er verfährt nach dem Motto: Wer nicht aussterben will, muss am besten unsterblich werden.

Sobald nämlich diese Qualle spürt, dass sie in die Jahre kommt und ihre Zellen immer mehr Funktionstüchtigkeit verlieren, unterzieht sie sich einer Verjüngungskur. Sie sinkt zu Boden, und ihre Zellen wie etwa die Muskel- und Nesselzellen verlieren ihre bisher ausgeübte Funktion und verwandeln sich in multipotente Stammzellen. Also in genau jene – mittlerweile durch Laborexperimente berüchtigte – Alleskönner-Zellen, die nicht spezialisiert sind, sondern sich zu den unterschiedlichsten Zelltypen verwandeln können. Mehr »Back to the Roots« geht wirklich nicht! Aus den Stammzellen entwickeln sich Polypen, die wiederum die typischen Quallenschirmchen aus sich hervorsprossen lassen. Das gibt es zwar auch bei anderen Quallenarten, doch dort sind die Polypen das Produkt einer Keimzellenverschmelzung, sprich: Quallen-Sex. Bei der Dohrnii-Version sind sie hingegen das Produkt einer zellbiologischen Rolle rückwärts, durch die sie unsterblich wird.

Wehrhaftigkeit, Energieeffizienz, Askese, Anti-Aging-Kur – Quallen besitzen also diverse Eigenschaften, die sich im Überlebenskampf der Evolution immer schon als erfolgreich erwiesen haben. Und das tun sie auch jetzt, wo der Mensch entscheidenden Einfluss auf die Umweltgestaltung nimmt. Quallen übernehmen immer mehr das Zepter des Poseidon.

So bekommen Fischfang und Schifffahrt das zunehmende Wabern in den Ozeanen zu spüren. Im Jahre 2003 verstopften riesige Nomura-Quallen – sie erreichen ein Gewicht von bis zu zweihundert Kilogramm – mehrere hundert Netze, mit denen japanische und chinesische Fischkutter ihrem Job nachgingen. Vier Jahre später fiel ein Leuchtquallenheer vor den Küsten Irlands über die dortigen Lachsfarmen her. Über hunderttausend Fische fanden den Tod.

Auch die Atomkraft steht wegen ihres Kühlwassersystems in der Beliebtheitsskala der Quallen ganz oben. 2006 blockierten sie weltweit diverse Kernkraftreaktoren, und dabei erwischte es auch den atombetriebenen US-Flugzeugträger »Ronald Reagan«. Sechs Jahre später war dann ein Kernkraftwerk im schwedischen Oskarshamn dran: Tausende der Glibbertiere verstopften den Kühlkreislauf des dortigen Siedewasserreaktors, der daraufhin ein paar Tage abgeschaltet werden musste. »Solche Vorfälle werden wohl immer öfter passieren«, warnt Meeresbiologin Lene Møller von der Technical University of Denmark, die sich auf Tierinvasionen in den Meeren spezialisiert hat. Bei den schwedischen AKW-Verstopfern handelte es sich um Mondquallen, die dafür bekannt sind, immer dort aufzutreten, wo der Fischbestand zurückgeht. »Ihnen ist es egal, ob dort viele Algen wachsen oder der Sauerstoff zurückgeht«, so die Forscherin. »Sobald sich die Fischbestände reduzieren, tritt die Mondqualle auf den Plan.« Denn das bedeute für sie, dass es weniger Konkurrenten um Nahrung gibt. »Wir wissen bisher nur wenig über Quallen«, erläutert Møller. »Aber was wir wissen: dass sie sich sprunghaft vermehren, wenn sie genug Nahrung vorfinden.«

An den Küsten von Nord- und Ostsee sowie am Mittelmeer sorgen immer wieder massive Quallenplagen dafür, dass die Touristen eingeschüchtert an Land bleiben. Im Jahre 2006 meldete der ADAC an den Küsten von Ligurien, Toskana, Sardinien und Sizilien bis zu hundert Glibbertiere auf einen Quadratmeter. Im selben Jahr wurden am Strand Kataloniens über zehntausend Menschen von Quallen verletzt. Hauptauslöser war ein plötzlicher Anstieg der Wassertemperaturen von 24 auf 29 Grad, was von den temperaturabhängigen Weichtieren als Aufforderung zu spontaner Fortpflanzung und Expansion interpretiert wird. Dann müssen auch nicht vorher die Fische als Nahrungskonkurrenten verschwinden. Denn die Grätentiere nehmen unter dem Eindruck der explodierenden und schmerzhaft giftigen Glibbermassen kurzerhand Reißaus.

2008 veröffentlichte die US-amerikanische National Science Foundation einen Bericht mit dem Titel: »Jellyfish gone wild – Quallen außer Kontrolle«. Einige Zahlen daraus:

Ein Drittel aller Lebendmasse in der Bucht von Monterey (einer Bucht am Strand von Kalifornien) besteht aus dem Gelee von Quallen.

Etwa vierhundert Areale in den Ozeanen weltweit gelten als so genannte »Dead Zones«. In ihnen gibt es fast kein Leben mehr – außer eben den Quallen. Denn sie brauchen aufgrund ihrer Energieeffizienz nicht viel Sauerstoff zum Leben.

An einigen Stellen des Schwarzen Meers lebten Anfang des aktuellen Jahrtausends bis zu tausend faustgroße Quallen auf einem Kubikmeter. Und das, obwohl das Schwarze Meer erst ein Jahrzehnt zuvor von den Weichtieren besiedelt worden war.

In der Blütezeit, wenn die Polypen ihre Quallenschirmchen aussprossen, schwimmen im Japanischen Meer bis zu fünfhundert Millionen Quallen, die sich binnen weniger Wochen auf Kühlschrankgröße hochfressen. Sie entziehen dem Wasser soviel Wasserstoff, dass praktisch alle anderen Tiere verschwinden müssen. Es entstehen die bereits erwähnten »Dead Zones«, und im Unterschied zu früher scheinen sie gar nicht mehr verschwinden zu wollen. Ein japanischer Forscher bemerkte kürzlich, dass man weite Teile des japanischen Ozeans unwiederbringlich an die Riesenquallen verloren hat.

Das Problem ist nämlich: Wenn die Glibbertiere erst einmal das Zepter übernommen haben, geben sie es so schnell nicht mehr ab. »Viele Quallenarten fressen Fischeier, Fischlarven oder sogar kleine Fische«, erklärt Ulrich Sommer vom Helmholtz-Zentrum für Ozeanforschung in Kiel. »Überfischte Fanggebiete können sich dann nur sehr langsam oder vielleicht überhaupt nicht erholen.« Es entstehen artenarme Ökotope, in denen außer den Quallen nur noch etwas Plankton und einige Mikroben leben. Ein unheimliches Szenario der Stille, das den australischen Meeresbiologen Anthony Richardson an längst vergangene Zeiten erinnert. Nämlich an das Kambrium vor etwa fünfhundert Millionen Jahren. In dieser Epoche herrschte ebenfalls die Stille, denn in den nährstoffarmen Meeren gab es nur ausgesprochen flache Jäger-Beute-Pyramiden. Mit Cyanobakterien und Geißeltierchen an der Basis, dem Plankton in der Mitte und den Quallen an der Spitze. »Wir befinden uns auf dem Weg in die Vergangenheit«, warnt der Forscher. Und es sind die Quallen, die den Vorreiter in diese Richtung spielen. Nämlich wieder »Back to the roots« – nur dass es an diesen Wurzeln keinen Platz mehr für den Menschen gibt.

Möglicherweise kommt aber auch alles ganz anders – und dafür wären dann wieder die Quallen verantwortlich. So scheint sich derzeit zumindest das Schwarze Meer wieder zu erholen und zu einem normalen Gewässer mit überschaubarem Gelee-Bestand zu verwandeln. Hauptverantwortlich dafür ist ausgerechnet eine Qualle: Beroe ovata, die Melonenqualle. Sie lebt weder von Krebsen noch von Fischen – sondern ausschließlich von anderen Quallen, die sie sich durch ihren überdimensionierten Mund presst. Das sieht zwar wenig appetitlich aus, doch seitdem die Gelee-Melone ins Schwarze Meer eingewandert ist, gibt es dort wieder mehr Fische. Möglich also, dass unsere Ozeane sich doch nicht in eintönige Glibber-Suppen verwandeln. Und die Korrektur dazu käme nicht von uns, sondern aus der Glibber-Welt selbst.

2 Wasser, Futter, Lebensraum: Auch Tiere haben Ansprüche

»Wenn wir eine Militärdivision mit den Kugelfänger-Eigenschaften dieser Vögel hätten, könnte sie jede Armee auf dieser Welt besiegen. Denn sie können Maschinengewehren mit der Unverwundbarkeit eines Panzers begegnen. Sie sind wie die Zulu-Krieger, die sich selbst von Dum-Dum-Geschossen nicht aufhalten ließen.«

Man merkt den Respekt in diesen Sätzen, die Major Meredith im November 1932 einem Zeitungsjournalisten diktierte. Unverwundbar wie ein Panzer und genauso unaufhaltsam wie jene Zulu-Krieger, die 1879 in Südafrika mit Todesverachtung gegen das technisch weit überlegene Heer des britischen Empires anrannten. Welcher Vogel könnte diese Attribute auf sich vereinigen? Vielleicht der Falke, der bei seinen Beutezügen im Sturzflug mit dreihundert Stundenkilometern auf den Boden zurast? Oder der Zaunkönig, der sich – glaubt man einer namibischen Legende – mit den ungleich größeren Hyänen anlegt? Tatsächlich ist es keiner von ihnen, sondern ein Vogel, der eigentlich den ganzen Tag über mit nichts Anderem beschäftigt ist als Fressen und der beim Gehen jeden seiner Schritte so vorsichtig auf den Boden setzt, als würden dort jedes Mal Glasscherben lauern. Die Rede ist vom Emu, dem Wappentier der Australier.

Doch welche Merkmale machen diesen Vogel zum Respekt heischenden Kämpfer? Auf den ersten Blick eigentlich nichts. So kann er genauso wie der Strauß nicht fliegen. Jagdmanöver wie die des Falken sind ihm also absolut wesensfremd, was ihn nicht gerade zum heldenhaften Hasardeur bestimmt. Außerdem ist er ein Einzelgänger, mag keine anderen Emus um sich, was ihn untauglich macht für den Korpsgeist, den man für eine funktionierende Armee braucht. Und schließlich ist er mit bis zu einem Zentner Körpergewicht relativ groß, weswegen er als Veganer den ganzen Tag fressen muss, um seine Masse halten zu können. Man sieht also den Emu in der Regel beim Kauen oder zumindest auf der Suche nach etwas Kaubarem. Es sei denn, es ist gerade die Paarungszeit von Dezember bis Januar. Dann schießt der Testosteronpegel der Männchen durch die Decke, ihre Hodengröße verdoppelt sich, und sie entwickeln ein ausgeprägtes Territorialverhalten mit entsprechendem Aggressionspotential. Doch das dauert ja nur knapp zwei Monate, und die Emu-Männchen bleiben bei ihren Konflikten meistens unter sich, für Menschen besteht meistens keine sonderliche Gefahr. Den Vergleich mit Panzern und Zulu-Kriegern hat sich der Vogel vielmehr mit zwei anderen Merkmalen verdient: seinem überdurchschnittlich starken Durst und der damit einhergehenden Nervosität.

Emus haben nicht nur dauernd Hunger, sondern auch dauernd Durst. Sie brauchen täglich mehrere Liter Wasser, und sofern das – was in der australischen Steppe nicht ungewöhnlich ist – knapp wird, entwickeln die Tiere eine ausgeprägte Nervosität. Was bei Vögeln, wie Biologen der University of Exeter ermittelten, sogleich in Mut umschlägt. So wie ja auch aufgescheuchte Hühner – im Gegensatz zur vorherrschenden Ansicht – sehr viel Courage zeigen und plötzlich Strecken zurücklegen und über Zäune hüpfen können, die vorher unüberwindbar schienen. Beim durstigen Emu verhält es sich ähnlich: Plötzlich unternimmt er lange Wanderungen, bei denen er sich von kaum einem Hindernis stoppen lässt. Außerdem trifft er dann auf andere Emus, so dass man plötzlich nicht mehr den vorsichtigen Einzelgänger, sondern eine vielköpfige Armee von Kampfvögeln vor sich hat, die zu allem entschlossen sind.

Partisanen im Federkleid:
The great Emu War

So auch im Herbst 1932, als etwa zwanzigtausend Emus auf der Suche nach Wasser quer durch Australien zogen. Dabei verwüsteten sie trampelnd und fressend die Weizenfelder von Siedlern, die im Zuge der Weltwirtschaftskrise von 1929 ohnehin schon nahe am Bankrott arbeiteten. Die Farmer versuchten sich zu wehren, mit Fallen,

Flinten und Gift. Sie setzten sogar Kopfgeld auf jeden Emu aus, doch alles ohne durchschlagenden Erfolg. Also beschloss man, die Regierung um Hilfe zu bitten. Und weil es sich bei den Siedlern um verdiente Kriegsveteranen vom ersten Weltkrieg handelte, fiel das Ersuchen auf fruchtbaren Boden: Im Morgengrauen des 4. November 1932 postierte sich eine kleine Armee-Einheit um Major Meredith im Hinterland von Western Australia. Als Waffe führte man ein gasdruckbeladenes Lewis-Maschinengewehr mit sich – man war also wild entschlossen, die Vogelinvasion ein für alle Mal zu beenden.

Es kam anders. Erst passierte nämlich nichts, die Tiere hatten offenbar gemerkt, dass sich da etwas gegen sie zusammenbraute. Die Soldaten sahen ein paar Zottelköpfe, die aus einer etwa dreihundert Meter entfernten Senke herauslugten, aber sonst blieb alles ruhig. Kurz vor der Dunkelheit preschten die Tiere jedoch plötzlich vor. In wildem Durcheinander, so dass sie den Maschinengewehren kein konkretes Ziel anboten. Man hörte die Salven, sah hochwirbelnde Federn, hustete wegen des aufwirbelnden Staubs, und dann war eine Minute später auch schon wieder alles vorbei. Die Herde hatte sich in alle Winde zerstreut – und die Soldaten ratlos zurückgelassen. Man hatte gerade mal ein Dutzend Vögel erlegt. Von insgesamt zwanzigtausend, und in der angetroffenen Horde waren es mindestens eintausend! Man hatte wegen ihrer Schnelligkeit nur wenige Tiere getroffen, und von den getroffenen waren viele weiterge-

laufen, als sei nichts geschehen. Ihre konsequent ange-
fressenen Speckpolster hatten die Kugeln offenbar abge-
fangen. Ein Soldat gab frustriert zu Protokoll, dass es nur
zwei Weg gäbe, einen Emu zu töten: »Ihm durch den Hinterkopf schießen, wenn sein Schnabel zu ist, oder durch
die Vorderseite des Kopfes, wenn der Schnabel auf ist.«

Zwei Tage später kam es erneut zum Aufeinandertref-
fen: Der Trupp um Major Meredith hatte etwa tausend
Vögel vor sich, doch das Maschinengewehr klemmte,
und die Vögel überrannten die Soldaten, ohne mit der
Feder zu zucken. Der Einsatz wurde mehr und mehr
zum absurden Katz-und-Maus-Spiel. Versuchte man, die
Vögel ins freie Gelände zu treiben, flohen sie zielstrebig
in den Schutz der Wälder. Also fuhr man ihnen mit
einem Pick-up-Truck hinterher, auf dem man das Maschinengewehr montiert hatte. Das Auto erreichte zwar
die fünfzig Stundenkilometer, auf die ein Emu im Sprint
kommen kann. Doch der kann dabei auch noch enge
Kurven nehmen, was wiederum einem Truck nur unter
Mühen oder gar nicht gelingt. Am Ende fuhren die Soldaten in den Graben, ohne auch nur einen einzigen
Schuss abgefeuert zu haben. Denn der Schütze hatte
sich wegen des unruhigen Fahrstils dauernd festhalten
müssen, so dass er sein Gewehr nicht bedienen konnte.

Am 5. November kommentierte eine Lokalzeitung
spöttisch: »Der Emu-Krieg wird wohl noch länger dauern. Denn die Tiere haben bewiesen, dass sie klüger
sind als angenommen.« Diese Einschätzung teilte auch

Meredith. Er hatte entdeckt, dass die Vogelhorde keineswegs führerlos war. »Sie hatten einen Leader, der sofort ein Zeichen gab, wenn er etwas Verdächtiges sah.« Der Major startete noch ein paar Attacken auf die Vogelinvasion, doch bis zum 8. November konnte er als Bilanz lediglich zweihundert tote Emus auf zweitausendfünfhundert Schüsse vorweisen. Meredith betonte zwar, dass sicherlich noch einige verwundete Tiere unentdeckt in der Steppe verendet seien. Doch mittlerweile hatte sich die Stimmung in der Öffentlichkeit gedreht. Man sah jetzt in den Emus die mutigen Partisanen und in den Soldaten die überforderten Erfüllungsgehilfen einer unfähigen Politik. Dem verantwortlichen Verteidigungsminister, George Pearce, wurde nahegelegt, sich den Emus anzuschließen, um endlich mal zu spüren, was Erfolg ist. Am 10. Dezember wurde der »Emu War« beendet. Es war – aus menschlicher Sicht – nichts anderes als eine Kapitulation.

Trotzdem forderten die Siedler 1934, 1943 und 1948 noch einmal ein militärisches Eingreifen gegen die Emus. Die Erfolge blieben erneut überschaubar. Erst 1959 erhielten die Emu-Invasionen einen empfindlichen Dämpfer, durch das Errichten eines 135 Meilen langen Zauns: den »Lake Moore Emu Fence«. Es folgten noch weitere Zäune, die schließlich das Wanderleben der Laufvögel entscheidend einschränkten. Der Stand heute: Auf Australien leben über sechshunderttausend Emus, in ausgewählten Bezirken, also unter Aufsicht. Sie dürfen fressen, so viel sie wollen, weswegen man davon ausgehen darf, dass sie auch ohne die freie Wahl ihres Aufenthaltsortes halbwegs zufrieden sind. Aber »The great Emu War« bleibt ihr historisches Vermächtnis. Er erinnert daran, dass es immer wieder Konflikte zwischen Tier und Mensch geben kann – und nicht unbedingt der letztere dabei als Sieger triumphieren wird.

Zwischen Tier und Mensch hat es schon immer geknirscht

Konflikte zwischen Tier und Mensch gibt es, solange es den Homo sapiens gibt. Was nicht weiter verwundern darf. Denn der Mensch ist seit alters her beides: Jäger und Beute. In den Ursprüngen seiner Geschichte sicherte er lange Zeit sein Überleben als Jäger und Sammler, wobei dem Jagen eine zentrale Rolle zukam, weil es ihm durch das erbeutete Fleisch ein oder mehrere Mahlzeiten mit hoher Nährstoffdichte einbrachte. Umgekehrt stand der Mensch auch immer schon selbst auf dem Speiseplan von Anderen. Im Pleistozän vor etwa fünfzehntausend Jahren wurde er oft von Säbelzahntigern, Krokodilen, Leoparden und Hyänen bejagt, und fossile Kampfspuren geben sogar Anlass zur Vermutung, dass seine Kinder von großen Raubvögeln attackiert wurden.

Um 7000 v. Chr. gaben immer mehr Menschen den Jäger-und-Sammler-Job auf und wechselten zu Ackerbau und Viehzucht. Was jedoch nicht etwa die Mensch-Tier-Konflikte aus der Welt schaffte, sondern vielmehr ihr Spektrum deutlich erweiterte. Denn jetzt gab es auch noch Auseinandersetzungen mit Tieren, die das, was da auf den bearbeiteten Feldern wuchs, als leicht verfügbare Nahrungsquelle entdeckten. Vögel und Insekten, aber auch pflanzenfressende Säugetiere wie Elefanten, Büffel, Rehe, Hirsche und Affen statteten diesen Feldern immer wieder Besuche ab. Zudem lockte die Zucht von Hühnern, Schafen, Schweinen und Rindern viele Raubtiere an, und die immer mehr werdenden Siedlungen, in denen Nahrung zubereitet und gelagert wurde und große Mengen organischen Mülls anfielen, weckten das Interesse von Wanzen, Kakerlaken, Ratten, Krähen, Möwen, Geiern, Hyänen und anderen Tieren, die es beim Frischegrad ihrer Mahlzeit nicht so genau nehmen. Hinzu kam, dass jedes Stück Land, das der Mensch zu bewirtschaften begann, der Natur entrissen werden musste. Der Lebensraum für die Wildtiere wurde also immer kleiner, was freilich anfangs, vor 9000 Jahren, noch eher eine Bagatelle war, heute aber als Hauptursache für die so genannten Human-Wildlife-Conflicts gilt.

Nicht zu vergessen schließlich das Domestizieren und gezielte Heranzüchten von Tieren. Eigentlich mit dem Ziel, die Konflikte zu entschärfen. Doch oft kam es zum Gegenteil. So finden sich unter bestimmten Tieren wie etwa Elefanten und Affen immer wieder Exemplare, die sich nicht bis ins Äußerste ausbeuten und erniedrigen lassen wollen.

Andere wie die Katze machen einfach weiter ihr Ding und schaffen es immer wieder, ihre Freiheit in der Welt der menschlichen Machtansprüche durchzusetzen. Und wieder andere sind sogar kooperativ, haben keine Probleme mit ihrer Rolle, ein gehorsamer Befehlsempfänger oder sogar der schwanzwedelnde Depp von Herrchen und Frauchen zu sein. Doch wenn man sie aus dieser über viele tausend Jahre gewachsenen Partnerschaft entlässt, werden sie selbst zum Problem.

3   Der Aufstand der Freigelassenen

Keine anderen Tiere erfreuen sich in hiesigen Haushalten einer solchen Beliebtheit wie Hund und Katze. Knapp sieben bzw. elf Millionen leben von ihnen unter deutschen Dächern. Ihr Einfluss auf das tägliche Leben ist enorm, worüber ja auch zum Teil heftig gestritten wird. Sei es, dass über die zig Tonnen Hundekot in den Parkanlagen oder die durch Katzenhaar ausgelösten Allergien debattiert wird. Auf der anderen Seite haben Hund und Katze als Haustier für ihre Besitzer oft einen großen Nutzen. Etwa als Schädlingsbekämpfer, lebende Alarmanlage oder auch als Schmusetier mit geradezu psychotherapeutischen Eigenschaften. Hier den Nutzen mit dem Schaden für die menschliche Gesellschaft abzuwägen, ist kaum möglich und soll daher an dieser Stelle unterbleiben.

Schwerer wiegt, dass viele Hunde und Katzen unkontrolliert machen dürfen, was sie wollen, oder sogar komplett ausgesetzt werden. So leben hierzulande zwei Millionen verwilderte Katzen, die durch die Wälder und Wiesen pirschen. Auf verwilderte Hunde stößt man dagegen eher selten, weil sie meistens nach ihren Ausbrüchen aus dem Haushalt binnen kurzer Zeit wieder eingefangen oder vom Jäger erschossen werden. Doch sie spielen dafür in anderen Ländern eine große Rolle, wie etwa in Russland, Mexiko, Chile und fast allen Ländern am Mittelmeer. In Moskau beispielsweise leben etwa fünfunddreißigtausend Straßenhunde, in Italien werden rund 1,2 Millionen Hunde von ihren Besitzern täglich zum selbständigen Streunen entlassen, und da von den weiblichen Tieren weniger als zwanzig Prozent sterilisiert sind, ergibt sich daraus rechnerisch ein jährlicher Zuwachs von etwa 1,5 Millionen Welpen. Viele davon erreichen zwar nicht das Erwachsenenalter, doch man muss davon ausgehen, dass die Zahl der unkontrollierten Hunde in Italien demnächst die Zehn-Millionen-Grenze überschritten haben wird.

Streunende Katzen und Hunde haben sehr unterschiedliche Einflüsse auf unser Leben. Dies liegt vor allem an ihrem unterschiedlichen Wesen, das auch dazu geführt hat, dass sie jeweils im Laufe ihrer Domestizierung ein sehr eigenes Verhältnis zum Menschen entwickelt haben.

So sind Hauskatzen geborene Einzelgänger, ihr Vorfahr – die Wildkatze – besitzt sogar eine ausgeprägte Menschenscheu. Ihre Domestikation lief daher eher auf einen Deal hinaus: Der Mensch füttert die Katze und gibt ihr ein Dach über den Kopf, und sie hält ihm dafür Mäuse, Ratten und andere Schädlinge vom Leib und lässt sich – zumindest in den Städten – auch gelegentlich von ihm streicheln. Mehr gibt's nicht. Prinzipiell ist ihr der Mensch sogar ziemlich egal, wie englische Forscher ermittelt haben. Das Forscherteam um Daniel Mills von der University of Lincoln setzte zwanzig Hauskatzen in einen ihnen unbekannten Raum: einmal zusammen mit ihrem Besitzer, ein anderes Mal mit einem fremden Zweibeiner und schließlich auch ganz alleine. Dabei wurde beobachtet, wie die Tiere mit der jeweiligen Situation umgingen, ob sie also unter Stress gerieten, Aufmerksamkeit zu erheischen versuchten und ob sie ihren Besitzer überschwänglich begrüßten, wenn der wieder in den Raum zurückkehrte.

Die Forscher fanden keine Hinweise darauf, dass die Katzen ihren Halter sonderlich vermisst. Ihre Stimmlage blieb konstant und unabhängig von der jeweiligen Konstellation. Zwar miauten sie etwas mehr und intensiver, wenn ihr Halter das Zimmer verlassen hatte. Doch dies könnte, wie Mills betont, »auch einfach ein Zeichen von Frustration sein, oder eine erlernte Reaktion«. Denn ansonsten hätte man keine Zeichen einer ausgeprägten Anhänglichkeit gesehen.

Was nicht heißen soll, dass Katzen nicht die Nähe ihres Besitzers genießen und das eine oder andere Mal mit ihm spielen oder schmusen würden. Aber sie kommen auch ohne ihn zurecht – und das schaffen Hunde eben nicht. Sie sind als Nachfahren der Wölfe von Hause aus Rudeltiere und damit Experten darin, mit den anderen Mitgliedern des Rudels zu kommunizieren. Nur dass dazu jetzt, weil Hunde ja schon seit vielen tausend Jahren mit ihnen zusammen sind, auch die Menschen gehören. Die Vierbeiner sind, wie man an der Oregon State University ermittelt hat, sogar schon so auf den Zweibeiner fixiert, dass sie gar nicht mehr versuchen, ein Problem ohne ihn zu lösen – selbst wenn dieses Problem mit Futter zu tun hat. Die US-Forscher ließen ihre Versuchshunde dabei zuschauen, wie ein Stück Wurst in eine durchsichtige Plastikbox gelegt wurde, deren Deckel sich nur mit einem daran befestigten Seil abziehen ließ. Kein einziges Tier kam auf die Idee, an diesem Seil zu ziehen. »Stattdessen verbrachten sie mehr Zeit damit, den im Raum anwesenden Menschen anzustarren«, berichtet Studienleiterin und Verhaltensforscherin Monique Udell. Nach dem Muster: Hilf mir, das machst du doch sonst auch!

Als man mit Wölfen das gleiche Experiment machte, zeigten sie ein ganz anderes Verhalten. Achtzig Prozent von ihnen beschäftigten sich sofort mit dem Seil, und keiner würdigte den Menschen auch nur eines Blickes. Die Hunde haben also in ihrer Entwicklung vom Wolf eine tief sitzende Abhängigkeit vom Menschen entwickelt. Sie sind auf ihn fixiert und erwarten, dass er ihre Probleme löst. Und daran ändert sich auch nichts, wenn man Hunde auf die Straße setzt.

Die Menschenversteher von Moskau

Was haben Neandertaler und Hund gemeinsam? Die Antwort: Der eine musste gehen, als der andere kam. Denn laut genetischen Studien besteht die Liaison zwischen Hund und Mensch seit vierzigtausend Jahren, sie kooperierten also schon in der Jäger-und-Sammler-Epoche. Das ist genau der Zeitpunkt, als der Neandertaler verschwand – und das ist, wie Pat Shipman von der New York University herausgefunden hat, kein Zufall. »Der Hund vergrößerte den Jagderfolg des Menschen und verschaffte ihm dadurch einen Vorteil im Konkurrenzkampf mit dem Neandertaler«, so die Anthropologin. Der eigentlich kräftigere Verwandte des Homo sapiens kam immer häufiger ohne Beute nach Hause, und seinen Konkurrenten bei Nacht und Nebel überfallen, um ihm die Beute zu rauben, ging auch nicht mehr. »Denn der Mensch hatte mit dem Hund auch einen aufmerksamen Aufpasser gefunden«, so Shipman. Dem Neandertaler blieben nur der Neid und ein knurrender Magen. Was nicht heißen soll, dass er nur wegen des Hundes von der Bildfläche verschwand, aber sein Überlebenskampf gegen den Menschen wurde dadurch noch aussichtsloser.

Mensch und Hund hingegen kooperierten immer besser. Die Arbeitsteilung war von vornherein klar: Der Zweibeiner gewährte Kost und Logis und bekam dafür die überragende Schnüffelnase, Ausdauer und Kampfkraft des Vierbeiners, der zudem als Nachfahre der Wölfe loyal und hierarchiefest genug war, seinen Herrchen und Frauchen bis in den Tod zu folgen. Außerdem wurde er zum echten Menschenversteher. Kein anderes Tier ist darin so gut wie er. Egal, ob Stimmlage, Geruch, Mimik oder Gestik des Menschen – der Hund kann darin lesen wie in einem offenen Buch. Er merkt sofort, ob der Zweibeiner traurig, wütend oder ängstlich ist, spürt nahende epileptische Anfälle und riecht am Atem, ob ein Krebsgeschwür in der Lunge sitzt. Und seine Fähigkeiten zum Lesen der menschlichen Mimik und Gestik muss er noch nicht einmal lernen.

Forscher des Max-Planck-Instituts für evolutionäre Anthropologie ermittelten, dass schon junge Hunde den Menschen verstehen können, selbst wenn sie im Tierheim aufgewachsen sind und nur wenig Kontakt mit Menschen hatten. »Hunde werden«, so Studienleiter Brian Hare, »bereits mit ihrer Fähigkeit zur sozialen Kommunikation mit dem Menschen geboren, man muss ihnen das nicht andressieren. Sie hat sich in all den Jahrtausenden des Zusammenseins mit dem Menschen genetisch verfestigt.« Man könnte auch sagen: Es liegt den Hunden mittlerweile im Blut, den Menschen zu verstehen.

Doch wie das nun so ist, wenn einer den anderen gut versteht: Er kennt dadurch auch dessen Schwächen; weiß, wie er tickt und was man von ihm nutzen kann, wenn die Partnerschaft aufgekündigt ist. In Moskau hat man erkennen müssen, wie dadurch aus dem ehedem besten Freund des Menschen ein unlösbares Problem werden kann.

Die Geschichte der Moskowiter Hunde begann Ende des 19. Jahrhunderts. Einige von ihnen waren von irgendwelchen Bauernhöfen weggelaufen, andere waren entsorgte Geschenke. Denn im zaristischen Russland verschenkte man gerne zum Geburtstag oder zu Weihnachten niedliche Hundewelpen, doch deren neue Besitzer merkten schon bald, dass man fortan noch ein Wesen mehr im Haushalt hatte, das versorgt werden wollte. Man musste mit ihm Gassi gehen (was gerade im Moskowiter Winter nicht gerade ein Vergnügen ist), es anfangs noch stubenrein machen (was niemals ein Vergnügen ist) und täglich füttern (was Geld kostet). Das konnten oder wollten viele Familien nicht stemmen – also wurden die Hunde ausgesetzt und sich selbst überlassen. Sie ernährten sich vom Abfall der Stadt, vermehrten sich und gehörten daher schon bald zum Stadtbild wie der Kreml.

Anton Tschechow machte ihr Schicksal zum Thema seiner Kurzgeschichte *Kaschtanka* und Michail Bulgakow zum Ausgangspunkt seiner bitterbösen Anti-Sowjet-Satire *Hundeherz*. Die Regierung fand allerdings die streunenden Vierbeiner weniger inspirierend. Man schickte Hundefänger durch die Straßen, der Erfolg war allerdings so mäßig, dass man es schließlich sein ließ. Nicht zuletzt hielten sich die Klagen der Bevölkerung in

Grenzen, die Menschen von Moskau arrangierten sich mit den Streunern, so wie sie sich schon mit vielem in der wechselhaften Geschichte ihrer Stadt arrangiert hatten.

Seitdem sind die streunenden Hunde fester Bestanteil der Stadt. Sie überlebten Kriege und Revolutionen, Zarenreich und die Sowjet-Republik, verheerende Hungersnöte und bitterkalte Winter. Als man ihnen vor den olympischen Spielen 1980 ans Fell ging, um die Stadt für die Touristen aufzuhübschen, ging ihre Zahl kurzfristig nach unten, um schon bald wieder – durch den Zulauf von Hunden aus der Umgebung – die ursprüngliche Stärke zu erreichen. Andrej Pojarkow vom A. N. Severtsov Institut für Ökologie und Evolution studiert die Streuner der russischen Hauptstadt seit über dreißig Jahren und schätzt, dass deren Zahl in diesem Zeitraum annähernd konstant bei fünfunddreißigtausend geblieben ist.

Doch wie haben es die Hunde geschafft, sich dauerhaft in solch großer Anzahl zu etablieren? Die Antwort: Sie haben sich angepasst. Und das ist ihnen deswegen so gut gelungen, weil sie als urtümlicher Begleiter des Menschen genau »wussten« (bzw. die Evolution »wusste« es für sie), worauf dabei zu achten war.

So entsprechen die meisten Moskowiter Hunde einem bestimmten Modell: dichtes, mittellanges Fell; keilförmiger Kopf; aufrecht stehende Ohren und große Mandelaugen. »Mit diesem Aussehen konnte man sich als Hund in Moskau offenbar am besten durchsetzen«, erklärt

Pojarkow. Das dichte, mittellange Fell ist ein guter Kompromiss aus Kälteschutz und Hygiene; es hält warm, ist aber nicht so lang, dass es rettungslos verfilzen und verdrecken könnte. Und bei den mandelförmigen Augen hatte die Evolution die Reaktion der Menschen im Visier: Wenn sie den Blick aus solchen Augen bekommen, werfen sie schnell mal ein Stückchen Pizza oder ein paar russische Pelmeni herüber.

Mit dem keilförmigen Kopf kommt der Hund hingegen besser durch einen Zaun oder ein Gebüsch, und er kann damit auch schon mal eine angelehnte Tür öffnen – mit einem runden Mopskopf gäbe es da schon ziemliche Probleme. Die evolutionäre Logik der aufrecht gestellten Ohren: Mit ihnen kann man besser hören als mit den Schlappohren eines Cocker Spaniel. Was gerade für das Leben in der Großstadt von großer Bedeutung ist. Auf dem Land mag es wichtiger sein, mit der Nase ein vier Kilometer entferntes Reh aufspüren zu können. Doch in der Stadt kommt es mehr auf Augen und Ohren an, beispielsweise, um zwischen Hunderten von Menschenbeinen die offene Tür einer U-Bahn zu erwischen, den Autos auszuweichen oder die Hundefänger rechtzeitig zu bemerken. Die Moskowiter Streuner mögen nicht mehr zum Spürhund taugen, doch sie kommen heil durch den Straßenverkehr der Millionenmetropole. »In den letzten Jahren kommt kaum noch einer von ihnen unter die Räder«, berichtet Alexej Vereshchagin, der bei Pojarkow zu den Hunden promoviert hat.

Am bemerkenswertesten ist jedoch, wie sich das Verhalten der Tiere entwickelt hat. »Sie sind clever, haben sich bestens an die Belastungen des Großstadtlebens angepasst«, meint Vereshchagin. Egal, ob Menschenansammlungen, Abgase oder Straßenverkehr – sie kommen damit klar. Man kann immer wieder Rudel beobachten, die auf das grüne Ampelsignal warten und dann gemeinsam die Straße überqueren. »Sie machen das auch nachts, wenn kein Fußgänger auf den Straßen ist«, erläutert Vereshchagin. »Sie ahmen also nicht nur einfach die Menschen nach, sondern sie haben die Ampelsignale verstanden.« Wobei ja Farbensehen nicht die Stärke von Hunden ist. Aber sie haben gelernt, dass man stehen bleibt, wenn das oberste Licht erscheint, und losläuft, wenn das unterste aufleuchtet.

Mindestens genauso beeindruckend findet der russische Verhaltensforscher, dass sich die Tiere vom Großstadtlärm nicht irritieren lassen. »Da haben viele andere Hunde, die fest in einem Haushalt leben, weitaus größere Probleme. Denn die müssen sich nicht damit auseinandersetzen, wie sie heil über die Straße kommen. Sie vertrauen da ganz ihren Haltern.« Was wieder einmal zeigt, wie Abhängigkeit das eigene Denken und die Fähigkeit zum Lösen von Problemen unterdrückt.

Auch gegenüber dem Menschen haben die Moskowiter Streuner einige Verhaltensweisen entwickelt, die sich von denen ihrer im Haushalt lebenden Artgenossen unterscheiden. So wackeln sie nicht mehr freundlich mit dem Schwanz, wenn sie sehen, dass ein Zweibeiner mit ihnen Kontakt aufnehmen könnte. Was auf den ersten Blick erstaunlich wirkt, weil sie ja immerhin noch die Mandelaugen haben, mit denen sie das Menschenherz erweichen. Warum sollten sie dann auf den Wackelschwanz verzichten, der einen ähnlichen Effekt hat? Die Antwort: Der stillgelegte, oft auch eingekniffene Schwanz ergibt aus survival-evolutionärer Sicht mehr Sinn, weil er die Ärmlichkeit, das Elend seines Besitzers betont. Die Kombination aus ihm und dem Mandelaugenblick erweckt Mitleid beim Menschen, der dadurch schneller mal ein Stückchen Futter gibt. Würde hingegen der Schwanz freudig wedeln, würde sich der Zweibeiner zwar darüber freuen, doch er würde auch denken, dass es dem Hund gut geht – und ihm *kein* Futter geben.

»Die Hunde wissen, wie man den Menschen zu einem bestimmten Handeln bringen kann«, erklärt Vereshchagins Doktorvater Andrej Pojarkow. »Sie kennen uns viel besser, als wir sie kennen.« Dazu gehört, dass sie im Rudel oft die kleinen und zierlichen Hunde vorschicken, in der Gewissheit, dass die beim Menschen mehr Mitleid erregen als etwa ein bulliger Rottweiler-Dobermann-Mix, der dann allerdings sofort präsent ist, um vom kleinen Vorzeige-Bettler seinen Anteil von der Beute einzufordern.

Wie überhaupt das Verständnis der Streunerhunde für die Eigenheiten des Menschen nicht bedeutet, dass sie ihn lieben. Sie sehen ihn in erster Linie als Mittel zum

Zweck der Futterbeschaffung. Die Moskowiter Hunde haben dazu diverse Strategien entwickelt – wie etwa, dass sie geduldig einem Passanten hinterherlaufen, der an seinem Frühstücksbrötchen knabbert, um sofort zur Stelle zu sein, wenn er seine Mahlzeit beendet und möglicherweise noch ein paar Reste für bettelnde Vierbeiner übrig hat. Wobei die manchmal auch weniger geduldig sind. So gehört es zu ihren Strategien, essende Passanten immer wieder mit der Nase an den Beinen zu stupsen. Oder sogar, ihnen hinterherzuschleichen und sie dann mit einem lauten Bellen hinter deren Rücken so zu erschrecken, dass sie ihr Essen fallen lassen und es damit zur Hundebeute machen. »Sie beißen dabei nicht zu«, betont Verhaltensforscher Alexej Vereshchagin. »Es geht nur um den Schrecken.«

Stray dogs: Die U-Bahn ist ihr Revier

Einige Moskowiter Hunde haben sich den Menschen so weit angepasst, dass sie mit ihnen im U-Bahn-Netz der Metro fahren. Denn die meisten Streuner verbringen ihre Nächte in den Außenbezirken der Stadt, weil sie da mehr Ruhe haben. Tagsüber geht es jedoch darum, Nahrung heranzuschaffen; und da haben einige von ihnen entdeckt, dass die fetteste Beute vor allem im Stadtzentrum zu holen ist, wo die Menschen arbeiten und sich an den zahlreichen Imbissbuden etwas zu essen kaufen.

Ergo fahren die Streuner morgens mit der Metro in die City und abends wieder zurück, genauso wie es die vielen Tausend zweibeinigen Pendler werktags tun.

Und genau wie diese wissen ein paar Hunde exakt, welche U-Bahn-Linie sie nehmen und an welchen Stationen sie aussteigen müssen. »Möglich, dass sie dabei auf die Lautsprecheransagen achten«, spekuliert Vereshchagin, »oder darauf, wie viele Menschen an den Stationen ein- und aussteigen.« Denkbar sei auch, dass sie die Stationen an deren Gerüchen erkennen. In jedem Falle bezeichnet der russische Verhaltensforscher die Metro-Aktivitäten der Hunde als das Erstaunlichste, was er jemals bei einem Tier gesehen hat. Nicht zuletzt auch deshalb, weil die Tiere dabei ihre natürliche Scheu vor dicht gedrängten Menschenansammlungen verlieren. Weswegen Metro-Fahrer auch nicht die Regel unter den Moskowiter Hunden sind. »Es sind nur wenige«, betont Vereshchagin. »Nämlich die Mutigsten.« Ihre Zahl wird auf etwa fünfhundert geschätzt, und nur etwa zwei Dutzend wissen exakt, welche Linie sie nehmen und wann sie aussteigen müssen. Die übrigen nutzen die Metro-Züge und ihre Stationen in erster Linie dazu, es sich im Warmen gemütlich zu machen.

Einer von denen, die nicht nur die Annehmlichkeiten eines weichen U-Bahn-Sitzes suchten, ergatterte sich ein Denkmal an der Moskowiter U-Bahn-Station Mendelejewskaja. Sein Name: Maltschik (russisch für »Junge«). Der Streuner kam Mitte der Neunziger als Geschenk-

Welpe in die Hände der Bahnhofsvorsteherin. Sie ließ ihren Neuzugang machen, was er wollte, und so hielt sich Maltschik überwiegend am Eingang des Bahnhofs auf. Dort wurde er schon bald zum Liebling der Reisenden und Anwohner. Denn er hatte den typischen Mandelaugenblick, die für einen Menschen leicht zu händelnde Foxterrier-Größe und ein überaus freundliches Wesen. Außerdem verteidigte er den Bahnhof als sein Revier gegenüber anderen Hunden, deren Charakter und Aussehen weniger freundlich wirkten.

Kurz vor dem Jahreswechsel 2001/2002 kam jedoch Maltschiks Ende. Eine junge Frau passierte mit ihrem Hund, einem Stafford Bullterrier, den U-Bahnhof von Mendelejewskaja. Maltschik bellte pflichtbewusst, doch anstatt einfach weiterzugehen, ließ die Frau ihren Kampfhund kurzerhand von der Leine. Die beiden Tiere verbissen sich, wobei es zunächst nicht so aussah, als würde der Kleine gegenüber dem Größeren den Kürzeren ziehen. Doch dann zog die Frau ein Messer und stach Maltschik zu Tode – mit sechs Stichen, die Brust und Bauch des Hundes aufschlitzten.

Der Vorfall sorgte in Moskau für großes Aufsehen. Nicht zuletzt deshalb, weil die Frau zwar auf der Polizeiwache verhört, doch dann aufgrund »minderer Schwere des Delikts« auf freien Fuß gesetzt wurde. Die Medien berichteten über den Fall, mit der Folge, dass man die einundzwanzigjährige Frau für ihre verstörende Tat wegen Tierquälerei vor Gericht stellte. Doch ein Psychiater attestierte ihr eine Persönlichkeitsstörung und dass sie zum Zeitpunkt der Attacke offenbar unzurechnungsfähig gewesen sei. Sie kam in eine Klinik, aus der sie rund ein Jahr später entlassen wurde.

Die öffentliche Debatte kam dadurch freilich nicht zur Ruhe. Eine Journalistin schlug vor, dem beliebten Hund ein Denkmal an der von ihm bewachten U-Bahn-Station aufzustellen, um damit auch ein Zeichen gegen die Missachtung der Tierrechte zu setzen. Die Metro-Verwaltung stimmte diesem Plan zu, und die Befürworter sammelten genug Geld, so dass Maltschik im Jahre 2007 – nach langatmigen Streitigkeiten über den richtigen Standort – tatsächlich sein Denkmal bekam: in der Schalterhalle des Bahnhofs. Es steht immer noch da, ist eine Besucherattraktion und wird immer wieder mit frischen Blumen geschmückt.

Immer mehr beißende Kampfmaschinen

Doch Maltschiks Streunergenossen wird mittlerweile deutlich weniger Respekt entgegengebracht. Die ehedem so entspannte Bevölkerung Moskaus ist in ihrem Verhältnis zu den Hunden tief gespalten. In der Stadt sieht man zunehmend selbsternannte »Dog Hunter«, die den Tieren mit Pistolen oder Gewehren nachstellen oder ihnen das billige Tuberkulose-Medikament Isoniazid unters Futter mischen, um sie zu vergiften. Auf der Dog-Hunter-

Homepage *http://vredy.site* prahlen einige User damit, mit dieser Methode bereits mehr als tausend Hunde getötet zu haben. Klar, dass sie dafür aufs Härteste von Tierschützern angegangen werden. Und das nicht nur im Internet und nicht nur in Moskau. In anderen Stray-Dogs-Hochburgen wie Sankt Petersburg und dem ukrainischen Kiew stießen die beiden Fraktionen bereits handfest aufeinander.

Die Dog Hunter argumentieren, dass die Straßenköter zur Plage und zu einem unzumutbaren Risiko für den Menschen geworden seien. Auf die Regierung könne man sich bei der Lösung des Problems nicht verlassen, also müsse man selbst die Initiative ergreifen. Letzteres stimmt insofern, da in den letzten Jahren alle Bemühungen der Stadtverwaltung scheiterten, die Zahl der Straßenhunde zu reduzieren. Dabei kamen zunächst Gewehre und Gaskammern zum Einsatz. Später fing man die Tiere ein, um sie zu sterilisieren und wieder frei zu lassen. Doch diese Methode hat, wie man mittlerweile wissenschaftlich ermittelt hat, nur Erfolg, wenn man mindestens achtzig Prozent des Tierbestandes unfruchtbar macht. Also scheiterte auch dieser Versuch.

Jetzt pfercht man die Hunde, die man irgendwie gefangen hat, in völlig überfüllten Heimen zusammen. Doch es ist kein wirklicher Plan zu erkennen, das Problem ist nach wie vor akut. Im Parlamentsunterhaus der Duma warten seit 2010 Dutzende von Gesetzesentwürfen vergeblich auf Verabschiedung, um die Hunderudel in den Städten in den Griff zu bekommen. Nicht zuletzt auch deshalb, weil Tierschützer dagegen protestiert haben, deren Einfluss auf die öffentliche Meinung und damit auf das Wahlverhalten der Bürger auch in Russland kein Politiker mehr ignorieren kann.

Was eine etwaige Gefährdung für die Bevölkerung angeht, ist die Datenlage widersprüchlich. So berichten die russischen Medien öfter denn je über Hundeangriffe auf harmlose Bürger. Von Mädchen, die von Streunerrudeln angegriffen werden und bei der Flucht in einen Heizungskeller fallen. Von Erwachsenen, die totgebissen werden, weil sie versucht haben, sich zu wehren. Doch eine Häufung von Medienberichten erklärt sich nicht zwangsläufig aus einer Häufung der Vorfälle, über die berichtet wird.

Auf *http://vredy.site* kann man nachlesen: »Eine Meute aus fünf bis zehn Hunden kann angreifen und beißen, und die größeren Rudel können regelrecht Jagd auf Menschen machen.« Was durchaus stimmt, da gerade in Straßenhunden noch das ursprüngliche Jagdrudelwesen des Wolfs lebendig ist. Doch in Großstädten sieht man praktisch nie größere Rudel, denn das passt nicht zu der Strategie dieser Tiere, sich möglichst unauffällig zu verhalten. Was man aber insbesondere in Russland öfter sieht, sind streunende Kampfhunde. Es gibt nicht wenige russische Männer, die sich solche Beißmaschinen als Statussymbol halten – und einfach auf der Straße aussetzen, wenn sie keine Verwendung mehr für sie haben.

Diese Aussortierten bringen Anlagen in den Gen-Pool der Straßenhunde, die auf Krawall bürsten, anstatt für ein unauffälliges Im-Hintergrund-Halten zu sorgen.

Laut Behördenangaben wurden im Jahre 2008 rund 16 600 Moskowiter von Straßenhunden gebissen. In knapp achttausend Fällen war danach ärztliche Hilfe nötig. Zwar bleibt unklar, woher die Zahlen stammen, und verlässliche Vergleichswerte gibt es schon gar nicht, so dass man nicht abschätzen kann, inwieweit die Attacken in jüngerer Zeit zugenommen haben. Doch sie sind selbst in geringerer Zahl sehr bedenklich, weil sie nicht nur zu Verletzungen, sondern auch zu gefährlichen Infektionen führen können. Wie etwa die Tollwut, die jährlich fünfundfünfzigtausend Menschen einen qualvollen Tod sterben lässt. Die Stimmung in Moskau erfährt daher im Augenblick eine deutliche Trendwende. Man merkt den Menschen jetzt oft an, dass sie mit Unbehagen durch die Hundemeuten gehen. Viele Jogger haben sicherheitshalber immer ein Stück Wurst dabei, um sich gegebenenfalls bei den vierfüßigen Straßenbanden freikaufen zu können. Wobei sie offenbar vergessen oder ignorieren, dass sie durch diese Köder eigentlich erst für die Hunde interessant werden.

Auch außerhalb von Moskau nehmen die Straßenhund-Plagen und ihr Konfliktpotential zu. In Kiew leben über elftausend Streuner, denen die Stadtverwaltung mit fahrenden Krematorien Herr zu werden sucht: Die Tiere werden mit präparierten Ködern eingefangen und dann umgehend zu Sammelstellen gebracht, wo man sie kurzerhand in die fahrbaren Verbrennungsanlagen wirft. Weitere Hot Spots sind Wladiwostok, Tschita, Tjumen, Kemerowo, Kaluga, Smolensk und die Olympiastadt Sotschi. Die Schwarzmeer-Metropole startete vor Beginn der Spiele eine knüppelharte Aktion, um die Straßen, wie es hieß, »von den Hunden zu säubern«. Seitdem sind nur wenige Jahre vergangen, und alles ist wieder beim Alten. »Wenn man die Hundezahl drastisch dezimiert, rücken Artgenossen aus den umliegenden Gebieten nach«, erklärt Vereshchagin. Die würden dann ziemlich schnell dafür sorgen, dass der Bestand wieder die alte Größe erreicht. Es handelt sich dabei um einen Kompensationsmechanismus, der uns in der Natur immer wieder begegnet.

Außerdem sollte man bedenken, dass es sich bei jeder größeren Vernichtungsaktion um eine Art evolutionären Ausleseprozess handelt: Es überleben vor allem diejenigen, die clever oder auch robust genug sind, um dem Blutbad zu entkommen – und genau diese Eigenschaften geben sie an ihre Nachkommen weiter. Jede Vernichtungsaktion führt also nicht zuletzt dazu, dass die nachfolgenden Hundepopulationen noch widerstandsfähiger und erfolgreicher im Kampf gegen den Menschen werden.

Stray-Dog-Territorien jenseits von Russland und Ukraine sind Ägypten, Griechenland, Rumänien, Mexiko, Chile und Australien. Der französische Schriftsteller Jean

Rolin hat all diese Regionen besucht, und dabei berichtete man ihm von zahlreichen Hundeattacken. So wurde in Bukarest ein japanischer Tourist getötet, direkt vor dem Parlament. In Sizilien wurde eine deutsche Strandspaziergängerin zum Opfer eines verwilderten Hunderudels, sie überlebte nur, weil bereits Polizisten vor Ort waren, und zwar wegen eines neunjährigen Jungen, den die Tiere wenige Tage zuvor totgebissen hatten. »Kennen die Streuner jemanden, sind sie in der Regel freundlich«, berichtet Rolin. »Bei Fremden ist es jedoch oft anders.« Dies musste er auch an eigenem Leibe erfahren.

In Chile begleitete ihn ein Hund den ganzen Abend lang, wich keine Sekunde von seiner Seite, selbst dann nicht, als Rolin auf ein Konzert ging. Das Tier verschwand erst, als der Schriftsteller sein Hotel erreicht hatte. Um am nächsten Morgen mit einer Meute zurückzukehren, die über den Mann herfiel. Er überlebte vermutlich nur, weil andere Menschen hinzukamen. Rolin vermutet, dass den Angreifern sein Verhalten – er hatte immer wieder Straßenhunde aufgesucht und sich Notizen gemacht – nicht gefallen hatte.

Womit wir bei einem zentralen Faktor sind, der die zunehmende Aggressivität der Straßenhunde gegenüber Menschen erklärt: das Gefühl, bedroht zu werden. Hunde sind Meister darin, sich den Veränderungen ihrer menschlichen Umgebung anzupassen. Wenn sie damit weiterkommen, den elendigen Unglücksraben mit Mandelaugen und eingekniffenem Schwanz zu spielen, dann

machen sie das. Wenn sie jedoch merken, dass man ihnen ans Fell will – und das merken sie schneller, als wir
glauben –, verändern sie ihr Verhalten. Dann verschwin-
det das devot-unterwürfige Verhalten, und der Hund
lässt wieder den Wolf aus seinem inneren Käfig und
schaltet in den Angriffsmodus eines Raubtiers um.

Vor diesem Hintergrund muss man auch alle aggressiven und brutalen Maßnahmen sehen, die zur Eindäm-
mung der Hundeplagen unternommen werden. Wer mit
Gewehren, Schlagstöcken, Elektroschockern, mobilen
Krematorien und Ködergift gegen sie vorgeht, darf nicht
darauf hoffen, dass die Streuner friedlich und unterwür-
fig auf ihre Vernichtung warten. Sie werden sich wehren
und ihre Futteransprüche nicht mehr per Mandelauge,
sondern per Beißattacke durchzusetzen versuchen. Und
das hat nichts mit Rache zu tun, sondern einfach nur mit
einem Strategiewechsel im Kampf ums Überleben.

Alexej Vereshchagin kann daher dem Kriegsgeheul
der Dog Hunter und anderer Streuner-Feinde nicht viel
abgewinnen, das sich jetzt in Moskau breitmacht. Er hält
es für sinnvoller, für mehr Hygiene in den Straßen und
Häusern zu sorgen. Denn solange die russische Hauptstadt ihr Müllproblem nicht in den Griff bekommt, werden die Hunde immer genug zu fressen haben. Außerdem, so die Empfehlung des Verhaltensforschers,
»sollten wir lernen, mit ihnen zusammen zu leben. Denn
es sieht nicht so aus, als wenn wir gegen sie gewinnen
könnten«.

Zu gute Jäger für diese Welt

Insofern Katzen kleiner sind als Hunde und zudem als Einzelgänger unterwegs sind, geht von ihnen nur wenig direkte Gefahr für den Menschen aus. Gelegentlich kommt es zu Autounfällen, weil sie eine Straße zu überqueren versuchen, doch das Risiko dafür ist ausgesprochen niedrig und vernachlässigbar.

Anders sieht es jedoch mit der indirekten Gefährdungslage für den Menschen aus. Denn Katzen jagen, egal, ob sie danach ins Haus zurückkehren oder als Streuner in freier Wildbahn bleiben. Seit langem diskutieren Katzenliebhaber auf der einen und Natur- und Vogelschützer auf der anderen Seite darüber, wie stark dadurch die Natur und vor allem deren Artenvielfalt geschädigt wird. Eine aktuelle Studie des Wildlife Center of Virginia bringt nun mehr konkrete Fakten in diesen Streit.

An dem Wildtier-Zentrum in Waynesboro behandelt man schon seit 1982 verletzte Säugetiere und Vögel. Es sind jedes Jahr mehr als zweitausend, und viele von ihnen sterben. Ein Team um den dortigen Veterinärmediziner Dave McRuer hat nun näher untersucht, weswegen eigentlich die Tiere eingeliefert werden. Dabei hat man sich aus einem Datenpool von knapp einundzwanzigtausend Patientenakten bedienen können, die im letzten Jahrzehnt angelegt wurden. Die Untersuchung kann man also durchaus als repräsentativ bezeichnen.

Es stellte sich heraus, dass rund ein Siebtel der schwerverletzten Tiere auf das Konto von Katzen ging. Sie stellten damit den zweithäufigsten Grund für das Einliefern von Kleinsäugern wie Feldmäusen, Backenhörnchen und Fledermäusen und den vierthäufigsten Grund für die Behandlung von Staren, Tauben, Spatzen und anderen Vögeln. Besonders schwer wiegt aber, dass offenbar die meisten Attacken tödlich endeten. Rund achtzig Prozent der durch Katzen verletzten Vögel starben, obwohl man ihnen am Wildlife Center zu helfen versuchte.

Was noch auffiel: wie breit aufgestellt die Katzen in ihrer Beuteauswahl sind. »Insgesamt haben wir über dreiundachtzig Tierarten unter ihren Opfern gefunden«, betont McRuer. Unter ihnen waren sogar Falken, Murmeltiere, Skunks und Waschbären, denen man eigentlich eine größere Wehrhaftigkeit zugetraut hatte. Allerdings werden hier auch insbesondere die Jungtiere attackiert, während bei Vögeln eher die Eltern als die Küken auf dem Bejagungsplan der Katzen stehen. Eine Vorliebe für kranke und lebensuntaugliche Tiere wird von den Forschern nicht erwähnt.

Einen noch drastischeren Hinweis auf den Einfluss jagender Katzen auf die Artenvielfalt liefert eine Studie des Smithsonian Conservations Biology Instituts in Washington. Die US-Forscher haben das komplette Datenmaterial gesichtet, das in den letzten Jahren zu den Jagderfolgen der amerikanischen Hauskatzen gesammelt wurde. Demnach töten Katzen in den USA 1,3 bis vier Milliarden Vögel pro Jahr, hinzu kommen 6,3 bis 22,3 Milliarden Mäuse und andere Kleinsäugetiere. »Weder Fenster, Gebäude, Stromleitungen, Windräder oder Pestizide haben einen vergleichbaren Einfluss auf den Vogelbestand«, betont Studienleiter Scott Loss.

Die Forscher haben in ihre Studie dann auch noch die Daten aus Europa einbezogen, und demnach kommt eine einzige Katze in den gemäßigten Zonen Europas und der USA auf 177 bis 300 getötete Säugetiere und 30 bis 48 getötete Vögel pro Jahr. Wobei Loss auch keine Zweifel daran lässt, dass frei streunende, keinem Haushalt zugehörende Katzen den größten Anteil an den Todesfällen haben: »Wir schätzen, dass knapp siebzig Prozent der getöteten Vögel auf ihr Konto gehen.« Denn das Fangen der flinken Fiedertiere ist eine Kunst, die eine verwilderte Katze mit tatsächlichem Jagdbedarf öfter trainiert und dadurch besser beherrscht als ein Stubentiger, der sich auch am Futternapf bedienen kann.

Es steht außer Frage, dass solche Fangquoten auch einen großen Einfluss auf das Tiergefüge und die Artenvielfalt einer Region haben. Katzen gelten seit dem Jahr 1600 als alleinige oder hauptsächliche Ursache für das Aussterben von dreiunddreißig Vogelarten, von denen allerdings acht auf Neuseeland lebten, wo die Tierwelt bis zur Besiedlung durch den Mensch keinerlei Erfahrung mit den leisen Samtpfotenjägern hatte. In Australien sorgten sie allein oder hauptverantwortlich dafür, dass achtundzwanzig Säugetierarten ganz oder teilweise verschwanden. Für den Menschen wiegt besonders schwer, dass von ihnen auch diverse Tiere getötet werden, die an der Kontrolle des Insektenbestands beteiligt sind, wie etwa Sperling, Singdrossel und Rotkehlchen. Philip Baker von der University of Bristol fand heraus, dass die Katzen seiner Umgebung über fünfundvierzig Prozent aller Sperlinge, Rotkehlchen und Heckenbraunellen erbeuteten. »Diese Verluste sind alles andere als zu vernachlässigen«, warnt der englische Zoologe. »Zumal Gärten angesichts ausgeräumter Kulturlandschaften als Vogellebensraum immer wichtiger werden.« Durchaus möglich, dass künftig in englischen Gärten anstelle des vielfältigen Rotkehlchen-Zwitscherns das Summen von Mücken sowie das Schmatzgeräusch von hungrigen Raupen zu hören sind. Es sei denn, der Vogelbestand wird durch Zuzug vom Land ergänzt. Doch diese Vögel fehlen dann als wichtige Insektenvertilger auf dem Land. Ganz zu schweigen davon, dass sie schon bald ebenfalls zum Opfer einer Katze werden könnten.

Die weltweit grassierenden Insektenplagen haben neben dem Klimawandel auch die Katze als Ursache, weil sie den Krabbeltieren ihre natürlichen Feinde raubt. Und dafür ihrerseits selbst Plagegeister mitbringt, die dem Menschen Probleme machen. Wie etwa Fuchsbandwürmer und infektiöse Pilze sowie Toxoplasma gondii, der sich im Verdauungstrakt der Katze einnistet. Über den Kot kann dieser Einzeller (er gehört weder zu den Bakterien noch zu den Viren, sondern ist ebenfalls ein Tier!) durchaus auf den Menschen überspringen, was bei Schwangeren zur Fehlgeburt führen kann. In Mäuseversuchen zeigte der Erreger außerdem, dass er sich im Nervensystem der Nager breitmachen und deren Verhalten ändern kann. Sie werden dann mutig bis zum Leichtsinn. Durchaus möglich, dass der Keim das auch beim Menschen schafft. Doch das muss noch erforscht werden.

Bleibt die Frage, wie man der Katzenplage weltweit Herr werden könnte. Eine wichtige Maßnahme ist sicherlich, die Tiere nicht sich selbst zu überlassen, so dass sie zum Überleben auf die Jagd angewiesen sind. Eine andere Option wäre, sie gleich ganz zu Hause zu lassen, so dass sie die Natur nur durchs Fenster sehen. Artgerecht ist das allerdings nicht.

Manche Katzenhalter schnallen ihren Lieblingen ein Glöckchen um den Hals, damit die Vögel rechtzeitig gewarnt werden. Doch diese Methode bringt nur wenig. Besser sind breite Halsbänder mit schillernden Farben. Ein US-amerikanisches Forscherteam teilte insgesamt achtzig Katzen in zwei Gruppen ein: Den Tieren der einen Gruppe wurde ein buntes Halsband umgelegt, die andere Gruppe konnten ihren Jagdgeschäften ohne den Schmuck nachgehen. Alle zwei Wochen wechselte man die Halsbänder von der einen auf die andere Gruppe, um den verfälschenden Einfluss des individuellen Jagdgeschicks ausschließen zu können. Insgesamt dauerte der

Versuch vierundzwanzig Wochen – einmal zwölf Wochen im Herbst und das andere Mal zwölf Wochen im Frühling. Die Jagderfolge wurden anhand der Vögel gemessen, die von den Katzen zu ihren Besitzern gebracht wurden. Zoologen wissen zwar schon länger, dass Katzen mehr als zwanzig Prozent ihrer Beute nicht nach Hause bringen, dass also ihre tatsächliche Beute höher ist als die Zahl der Opfer, die dem Herrchen oder Frauchen vorgelegt werden. Doch für den Vergleich zwischen halsbandlosen und halsbandgeschmückten Jägern spielt das wohl keine Rolle.

Es zeigte sich, dass die Katzen der Vergleichsgruppe im Herbst etwa 3,5 Mal und im Frühling sogar 19 Mal mehr Vögel nach Hause brachten als die Tiere mit dem Halsschmuck. Die bunten Bänder wecken also offenbar die Aufmerksamkeit der Vögel, so dass es der Katze seltener gelingt, sich unbemerkt anzupirschen. Was allerdings Studienleiterin Susan Willson von der St. Lawrence University im Bundesstaat New York gewundert hat, dass die Differenz gerade im Frühjahr so hoch ausfiel. Ihre Vermutung: »Die Vögel sind in dieser Zeit auf die Paarung und das Bauen der Nester fokussiert, so dass sie ihren Fressfeind erst bemerken, wenn er deutlich sichtbar für sie ist.« Im Herbst hingegen seien sie aufmerksamer, so dass ihnen die Katze oft auch ohne Farbband auffällt. Außerdem dürften ihnen im bunten Herbstlaub die Farben des Halsbandes weniger auffallen, so dass sein Schutzeffekt deutlich abgeschwächt wird.

Fazit: Die bunten Halsbänder reduzieren gerade im Frühjahr die Vogelfangquoten der Katze. Als besonders effektive Halsbandfarben haben sich in dieser Hinsicht vor allem Rot und das Muster des Regenbogens herausgestellt. Aber eben nur bei Vögeln, bei Säugetieren hingegen zeigen sie kaum Wirksamkeit. In Australien, wo die Katzen mehr auf Nage- und Beuteltiere stehen als auf Federvieh, hat man die bunten Halsbänder ebenfalls ausgetestet. Ohne Erfolg. Denn Säugetiere verlassen sich in ihrem Warnsystem eher auf Nase und Ohren und weniger auf ihre Augen.

Vom Gurren zum Murren

Auch die Stadttaube gehört zu den freigelassenen und verwilderten Haustieren, die dem Menschen immer wieder Probleme bereiten. Ihre direkten Vorfahren sind die Haus- und Brieftauben, wann sie sich allerdings stammesgeschichtlich von ihnen abgespaltet hat, ist unklar. Erstmals erwähnt wird sie in den Schriften des Altertums. Mittlerweile hat sie sich auf die Zentren größerer Städte spezialisiert, auf dem Lande und selbst in den Klein- und Vorstädten findet man sie kaum noch. Es stört sie nicht mehr im Geringsten, wenn sie ihre Nester aus Drahtstücken oder Plastikfetzen bauen statt aus kleinen Zweigen. Daniel Haag-Wackernagel von der Universität Basel weiß von Tauben zu berichten, die im Ansaugbereich von Klimaanlagen, in lauten Parkgaragen unter noch lauteren Brücken sowie auf grellen Neonlichtern brüten.

Der Schweizer Biomediziner betont aber auch, dass die Taube »optimale biologische Eigenschaften besitzt, die sie für ein Leben in der Stadt prädisponieren«. Sie hat sich also gar nicht sonderlich dem Leben in der Stadt anpassen müssen, weil sie schon optimal darauf vorbereitet ist. »So sind etwa die vegetationsarmen Straßenschluchten ein ideales Äquivalent ihres natürlichen Lebensraums«, erläutert Haag-Wackernagel. Denn der ursprüngliche Vorfahr der Stadttaube, also die stammesgeschichtlich noch vor Brief- und Haustaube rangierende Felsentaube, brütete in Grotten und Spalten. In einzelnen Gebieten wie etwa auf Sizilien tut sie das heute noch, aber ansonsten gibt es nicht mehr viele Exemplare von ihr. Ihre Nachfahren in Haus, Stadt und Briefträgerwesen haben sie nahezu komplett verdrängt; aber das Nistverhalten ihres Ahnen liegt ihnen noch im Blut.

Ein weiterer Pluspunkt für das Stadtleben: Die Elterntauben, also der Täuber und die Täubin, beginnen kurz vor dem Schlüpfen der Jungtiere damit, in ihrem Kropf eine quarkähnliche Milch zu produzieren, aus der sich der Nachwuchs bedienen kann. Im Tierreich ist das mindestens genauso schräg wie Schnabeltier und Ameisenigel, die Eier legen, obwohl sie zu den Säugetieren gehören, die so etwas eigentlich nicht tun. Genauso wenig wie Vögel normalerweise Milch geben. Doch die Taube tut's, und sie teilt diese Eigenschaft lediglich mit Flamingos und Kaiserpinguinen, wobei es bei den Letzteren auch nur die Männchen machen. Der große Vorteil dieser Still-Methode liegt darin, dass sie die Eltern davon befreit, in der Stadt nach spezieller Nestlingsnahrung zu suchen. Sie können also weiterhin nach Körnern und Essensresten des Menschen suchen, müssen also ihren Alltag überhaupt nicht verändern, wenn sie zu Eltern geworden sind.

Zudem stärkt die Vogelmilch nicht nur – ähnlich wie die Milch des Menschen – die Immunabwehr der Nachkommen, sie schützt auch den Kropf der Eltern vor Entzündungen. Was für Tauben enorm wichtig ist, weil sie dort ihre Nahrung zwischenlagern. Womit wir bei einem weiteren Pluspunkt für das Stadtleben sind: Diese Vögel können bis zu dreißig Gramm und damit den kompletten Tagesbedarf ihrer Nahrung im Kropf zwischenlagern. Dadurch können sie einen großen Teil des Tages irgendwo im Schutz von Bäumen, Büschen, Brücken und Hinterhöfen verbringen und sich um ihren zahlreichen Nachwuchs – fünf bis zehn Jungtiere pro Paar und Jahr – kümmern, anstatt ihr Leben immer wieder den Gefahren des Straßenverkehrs auszusetzen.

Nicht zu vergessen schließlich: Die Taube ist weitgehend friedlich, und sie sieht auch so aus. In der Kulturgeschichte wird sie deshalb schon lange als Symbol für Unschuld und Sanftmut, für Frieden und reine Liebe verwendet. So ein Tier wird natürlich lieber von den Menschen gefüttert als etwa eine Ratte. Zudem gilt Tauben-füttern traditionell als freundlicher und großzügiger Akt. Man wertet sich also selbst damit auf und wird zum gut-menschlichen Gegenpol in einer Zeit, die von vielen als brutal und egoistisch erlebt wird. »Taubenfütterer bilden in vielen Städten verschworene Gemeinschaften, die sich hartnäckig für ihre Tauben einsetzen und oft auch behördliche Maßnahmen und Verbote ignorieren«, so Haag-Wackernagel. Was natürlich die Versorgungs-lage der Vögel außerordentlich stabilisiert und dafür ge-sorgt hat, dass die Evolution bisher noch nicht an ihrer Sanftmütigkeit gedreht hat – denn sie ist in den Städten ein starker Pluspunkt im Überlebenskampf.

Taube und Großstadt passen also seit jeher optimal zusammen, der Vogel musste von der Evolution nicht sonderlich nachgerüstet werden. Und genauso deswe-gen hat er sich dort extrem breitgemacht. »Der weltweite Taubenbestand wird auf mehrere hundert Millionen ge-schätzt«, berichtet Haag-Wackernagel. »Zählungen in verschiedenen Städten haben gezeigt, dass dort der Taubenbestand fünf bis zehn Prozent der menschlichen Bevölkerung beträgt.« Was unter Menschen für immer mehr Unmut sorgt. Das Taubengurren erzeugt mehr und mehr Menschenmurren. Den Taubenfreunden stehen immer mehr Taubenfeinde gegenüber, die unter dem Motto »Sind nichts weiter als Ratten der Lüfte« und »Die kacken doch eh nur alles voll« die haarsträubendsten Quälereien begehen. Beispielsweise, indem man den Vögeln mit Luftgewehr, Knüppeln, Blasrohrpfeilen sowie Pfeil und Bogen nachstellt. An Imbissbuden sticht man ihnen Gabeln in den Rücken, andere werden kurzerhand mit dem Messer geköpft, oder aber man sticht ihnen Büroklammern in die Augen. Es ist schon erstaunlich, wie sich die Zivilisation in nichts auflöst, nur weil ein Vogel auf Denkmäler kackt, deren Bedeutung den meisten der Tierquäler wohl völlig unbekannt ist.

Nichtsdestoweniger sind die Stadttauben zweifellos ein Problem. Ihr Kot verschmutzt die Städte und schafft zusammen mit Regen die idealen Wachstumsbedingungen für Pilze, die über Wurzelfäden und Stoffwechselprodukte winzige Löcher in Kalkstein hineintreiben können, so dass er leichter durch Regen ausgespült und durch Frost aufgebrochen werden kann. Zudem haben Tauben diverse Krankheiten im Gepäck. Mittlerweile wurden Dutzende von Erregern nachgewiesen, die auch auf den Menschen übergehen könnten. Für immerhin sieben von ihnen existieren konkrete Fallbeschreibungen. Die Infektionsgefahr ist also nicht nur theoretischer Natur. Unter ihnen sind auch die Salmonellen, wobei man jedoch nicht, wie oft zu hören ist, die Taube einen »Salmonellenbomber« nennen sollte. »Bis heute wurde nur ein Fall einer Salmonellenübertragung nachgewiesen«, betont Haag-Wackernagel.

Weitaus größer sind die Risiken für eine Infektion durch Histoplasma capsulatum. Dieser Pilz kann bei Menschen mit geschwächtem Immunsystem zu Lungenentzündungen, Geschwüren und schließlich zum Tode führen. Ähnliche Probleme kann es auch bei Chlamydophila psittaci geben, wobei bei dieser Bakterie erschwerend dazukommt, dass sie in jeder zweiten Taube präsent ist und von jeder zehnten über die Ausscheidungen in der Umwelt verstreut wird. Insofern diese Vögel gerne im Einsaugbereich von Ventilations- und Klimaanlagen brüten, kann man sich leicht vorstellen, wie sie ganze Büro- und Einkaufszentren infizieren können. Und auch Krankenhäuser, deren Patienten oft mit Immunschwäche zu kämpfen haben.

Nicht zu unterschätzen sind auch die rund siebzig Insektenarten, die sich in den Nestern oder im Gefieder einer Taube aufhalten können. Wie etwa die Taubenzecke – Argas reflexus. Ein überaus zäher Parasit, der jahrelang ohne Nahrung überleben kann. Man stelle sich vor, wie dieses Insekt über eine flatternde Taube auf dem Fenstersims in ein Schlafzimmer »geschüttelt« wird. Es wartet dann dort geduldig, im Teppich, auf einem Kissen oder auch in der Matratze, bis es irgendwann eine Gelegenheit findet, sich am Menschen festzubeißen. Der entwickelt daraufhin in jedem Falle eine lokale Entzündung, so wie nach dem Biss eines Flohs. Allergiker können aber auch noch einen allergischen Schock mit Atemnot und Bewusstlosigkeit erleiden – und wer denkt dabei schon an die Taube, die einige Monate zuvor noch auf den Fenstersims flatterte?

Sinnloses Gemetzel

Gründe genug also, nicht allzu viel Nähe zwischen Taube und Mensch zuzulassen. Doch mit herkömmlichen Methoden wie Gift, Knüppeln und Gewehren ließ sich bisher nichts ausrichten. Irgendwie sei es ein natürlicher Reflex des Menschen, vermutet Haag-Wackernagel, »einfach möglichst viele Individuen zu töten, wenn ihm eine Tierart schadet oder lästig wird«. Doch das bringe gar nichts, »wenn nicht gleichzeitig die Nahrungsgrundlage gesenkt wird«.

Ein beredtes Beispiel dafür ist Basel. Dort lebten Anfang der 1960er etwa zwanzigtausend Tauben, als die Stadtverwaltung beschloss, ein Team von Jägern anzuheuern, das die Vögel einfing und tötete. Die Männer legten einen beachtlichen Fleiß an den Tag, bis 1985 hatten sie etwa hunderttausend Tiere eliminiert. Doch als man auch die lebenden Tauben der Stadt zählte, hatte sich nichts geändert: Ihre Zahl lag immer noch bei zwanzigtausend.

Was aber war passiert, dass der Bestand der Vögel dem Gemetzel standhielt? Die Antworten: Zum einen steuerten die Tiere mit einer höheren Geburtenrate dagegen. So etwas kommt in der Natur häufiger vor, um den Arterhalt zu sichern. Zum anderen lernten einige Tiere relativ schnell, wie sie den Fallen und Gewehren aus dem Weg gehen konnten. Man darf sie deswegen durchaus als besonders intelligent einstufen, und weil diese Intelligenz ihnen das Überleben bescherte, wurde sie auch auf die Nachkommen vererbt. Jede Vernichtungsaktion lässt also letztendlich die Taubenpopulation noch intelligenter im Kampf mit dem Menschen werden, weil sie die intelligenteren Tiere verfehlt und die dümmeren vernichtet. Nach dem gleichen Ausleseverfahren funktioniert auch natürliche Evolution, nur braucht sie in der Regel länger dafür.

Der entscheidende Antrieb für den Erhalt des Vogelbestandes kam aber daher, dass die nachwachsenden Jungtiere die Futterplätze der getöteten Alttiere übernahmen. Das heißt: Sie verließen das Nest und mussten sich dann noch nicht einmal die Mühe machen, lange nach Futterressourcen zu suchen. Das spart Kraft und erhöht wiederum die Überlebenschancen. Dies könnte man nur verhindern, indem man auch die Futterplätze reduziert. Doch genau das geschah in Basel nicht – und so blieb alles beim Alten.

In anderen Großstädten versuchte man es mit Massensterilisationen und in Los Angeles mit Verhütungshormonen im Futter – erfolglos. Denn um die daraus entstehenden Ausfälle zu kompensieren, brauchen sich nur etwa zehn Prozent der verbleibenden Population etwas mehr beim Fortpflanzen anzustrengen als sonst. »Für Tauben ist so etwas kein Problem«, betont Haag-Wackernagel.

In Montevideo siedelte man Wanderfalken an. Zwar hofften die Verantwortlichen nicht, dass der Raubvogel den Taubenbestand durch Jagd ernsthaft dezimieren könnte, aber man dachte, dass allein seine Anwesenheit viele Tauben dazu bewegen würde, die Stadt zu verlassen. Und das taten sie auch. Doch als die Falken wieder abgezogen wurden, dauerte es nur wenige Tage, und die Heimatvertriebenen waren wieder da. »Tauben sind standorttreue Tiere«, erklärt Haag-Wackernagel. Nicht umsonst fliegen Brieftauben Hunderte von Kilometern, um zu ihrem Schlag zurückzukehren – sie wollen so schnell wie möglich wieder nach Hause.

Wer also Tauben einfach vernichten oder verscheuchen will, zieht den Kürzeren. Weswegen für Haag-Wackernagel feststeht: »Der Krieg gegen sie ist nicht zu gewinnen.« Was man aber machen kann: ihren Bestand kontrollieren. Vor allem dadurch, dass man ihre größten Förderer ausschaltet. Die finden sich nämlich genau da, wo auch die größten Feinde der Tauben sind: unter den Menschen. 1988 wurde Basel unter Federführung des Biomediziners ein Projekt gestartet, um nicht wieder irgendeinen zum Scheitern verurteilten Vernichtungskrieg gegen die Vögel zu starten, sondern ihren Bestand zu kontrollieren – indem man die Menschen erzieht. Denn der durch Fütterung des Menschen erzeugte Nahrungsüberfluss ist eine Hauptursache für überbordende Stadttaubenpopulationen. Also unterrichtete man die Bevölkerung, dass die unkontrollierte Fütterung zu einer »Slum-Situation« mit Krankheiten und Parasiten führt. Was zwar etwas übertrieben ist, aber eine Urangst des

Menschen anspricht: die Angst vor Verwahrlosung und Seuchen.

Der eingeschworenen Gemeinde der regelmäßigen Taubenfütterer wurde mitgeteilt, dass die von ihnen veranstalteten Brot- und Nudelorgien den Vögeln letzten Endes schaden würden, weil sie nicht artgerecht seien. Was man freilich genauso wenig weiß wie beim Haushund, der sich ja auch nicht mehr daran erinnern kann, wovon er lebte, als es noch keine Essensreste vom Menschen gab. Aber für eine gute Sache kann man auch schon mal übertreiben. Jedenfalls gingen die Fütterungen deutlich zurück, und der Taubenbestand steht seit einigen Jahren stabil bei achttausend zumutbaren Exemplaren. Wobei man auch noch Taubenschläge baute, um die Vögel an einer Stelle zu konzentrieren, damit sie nicht mehr überall hinkackten und keine Veranlassung mehr sahen, ihre Fortpflanzungsaktivitäten zu forcieren. Man hat also in Basel offenbar einen Weg aus dem Taubendilemma gefunden.

Bleibt festzuhalten: Basel ist nicht Montevideo und erst recht nicht Los Angeles, London, Peking und Santiago de Chile, wo man seit vielen Jahren vergeblich gegen die Taubenplage kämpft. In Millionenmetropolen hat man es mit Erziehungsmaßnahmen naturgemäß schwerer. In London jedoch hat man einen interessanten Weg gefunden, wie man den Vögeln auch etwas Nützliches abgewinnt. Denn dort wachen sie über die Luftverschmutzung. Ausgestattet mit einem GPS-Sender und federleichten Sensoren startete im März 2016 die erste Tauben-Patrouille, um den Gehalt von Ozon, Stickstoffdioxid und Feinstaubpartikeln in der Luft zu messen. Ihre Daten lassen sich in Echtzeit auf der Internetseite *www.pigeonairpatrol.com* verfolgen. In London haben ja solche Aktionen eine gewisse Tradition. Denn schon im 18. Jahrhundert sagte der englische Staatsmann und Stratege Earl of Chesterfield: »Einen Gegner, den man nicht besiegen kann, muss man als Verbündeten gewinnen.«

4   Der Aufstand der Wilden

Der Kolkrabe war durstig, doch das Wasser in dem Glas war zu flach, so dass er nicht herankam. Also überlegte er eine Weile, dann legte er einen Stein nach dem anderen in das Glas. In der Folge ging der Wasserspiegel nach oben, so dass der Vogel am Ende mühelos davon trinken konnte. Seien wir ehrlich: Es gibt Menschen, die nicht auf diesen Kniff gekommen wären. Aber ausgerechnet ein Tier mit gerade mal zwanzig Gramm Hirnmasse schafft das. Eine Ausnahme? Beileibe nicht.

Der Wiener Verhaltensforscher Thomas Bugnyar und sein Bochumer Kollege Onur Güntürkün durchforsteten die vorhanden Studien zur Vogelintelligenz, und dabei forderten sie zum Teil Erstaunliches zutage. So gibt es Krähenvögel, die zählen können oder Kastanien auf die Straße legen, damit die Autoreifen sie zu verzehrbarem Brei zerquetschen. Von Kolkraben weiß man, dass sie gerne verrückte Spiele unternehmen, beispielsweise Hunde in den wedelnden Schwanz picken oder auf Schneepisten herunterrodeln. Kakadus zeigen in Studien, dass sie Tresore knacken und logische Schlüsse ziehen können; Tauben picken gezielt auf ein Pikachu-Bild, wenn sie dafür Futter bekommen. Auf den Galapagos-Inseln lebt ein Spechtfink, der mit Hilfe eines Kaktusstachels saftige Käferlarven aus Rindenspalten und Astlöchern pult. Bis zur Hälfte seiner Nahrung gewinnt er durch diesen Werkzeuggebrauch, was im Tierreich ein unangefochtener Weltrekord ist.

Elstern und Raben erkennen sich sogar selbst im Spiegel, was viele höher entwickelte Säugetiere und auch Menschen erst nach dem Säuglingsstadium können. An der University of Auckland ermittelte man, dass Neukaledonienkrähen die Fähigkeit besitzen, bei einem beobachteten Phänomen auf eine versteckte Ursache zu schließen. Die Vögel stellten einen Zusammenhang her zwischen einem Stock, der sich von selbst zu bewegen schien, und einem Menschen, der kurz darauf ein Versteck in der Nähe des Stocks verließ. Bis dahin dachte man eigentlich, dass nur Menschen eine solche Schlussfolgerung ziehen könnten. Weswegen für Bugnyar feststeht, dass viele Vögel in puncto Intelligenz auf einer Stufe mit den Menschenaffen stehen, also an der Spitze der tierischen Intelligenzpyramide: »Vor allem Raben können fast alles, was Schimpansen auch können.«

Dabei sollten die Vögel all das, gemäß bisheriger Lehrmeinung der Neurobiologie, gar nicht können. Denn ihr Gehirn ist anders aufgebaut als bei Affen und Menschen, deren Gehirn zu zwei Dritteln aus der Großhirnrinde, dem so genannten Cortex besteht. Er gilt als Ursprung und Heimat der Intelligenz – im Vogelhirn aber fehlt dieses Areal. Das ist nämlich nicht schichtweise, mit dem Cortex als oberste Ebene strukturiert, sondern in sogenannten Clustern: Nervenbündel, die vergleichsweise niedrig organisiert und daher nicht unbedingt die geeignete Basis für große Intelligenzleistungen sind.

Trotzdem haben Vogel- und Primatenhirn, wie Bugnyar betont, viel gemeinsam. So nehmen beide die sensorischen Informationen aus Augen, Ohren und Tastsinn durch den Thalamus auf, von wo sie zur Analyse und Bewertung weitergeleitet werden: nämlich bei Affen und Menschen zum Cortex, und bei den Vögeln zu höheren Clustern. Außerdem besitzen beide ein präfrontales Areal, um die Handlungen einer jeweiligen Situation anpassen zu können. Demnach sind die Hirne von Vögeln und Primaten gleichsam auf flexibles Reagieren und Problemlösen ausgerichtet, im Unterschied zu den meisten anderen Tieren, die nur ihren vorgegebenen Instinkten folgen können.

Das präfrontale Gehirn spielt überdies eine wichtige Rolle beim sinnvollen Verknüpfen von Gedächtnisinhalten. Es ist daher kein Wunder, dass einige Vögel geradezu als Strategie- und Erinnerungskünstler in Erscheinung treten. Wie etwa der Buschhäher, ein amerikanischer Verwandter unserer Krähe. Er legt pro Jahr etwa dreißigtausend Nahrungsverstecke an, von denen er auch neunzig Prozent wiederfindet. Außerdem weiß er genau, was in den Lagern ist und wie lange es sich hält. Wenn man ihn Nüsse und die von ihm besonders geliebten

Würmer eingraben lässt, buddelt er später nur so lange nach den Würmern, wie er noch von deren Genießbarkeit ausgehen kann. Danach holt er nur noch die Nüsse.

Hitchcock lässt grüßen

Ihre ganze Stärke entfaltet die Vogelintelligenz, wenn sie sich aus dem sozialen Gefüge mehrerer Einzelhirne speisen kann. Wie etwa bei den meisten Raben und Krähen, zu denen neben Saatkrähen und Kolkraben auch Elstern, Aaskrähen und Dohlen gehören. Und hier finden wir auch eine gewisse Neigung, sich mit Menschen anzulegen.

Gerade in der Brutzeit kommt es immer wieder zu Attacken. Im Münchner Stadtteil Sendling verletzten Aaskrähen zunächst einen Mann am Kopf, und als ihm Passanten zur Hilfe eilten, wurden sie auch gleich angegriffen. In Neumünster spielte ein fünfjähriges Mädchen im Garten einer Kita, als sich eine Krähe auf seinen Kopf stürzte. Dabei verhakte sich der Vogel in den Haaren, so dass er heftig auf den Kopf zu picken begann. Als das Mädchen stürzte, ließ die Krähe endlich von ihm ab. Was blieb, war eine kräftige blutende Wunde am Kopf. Die Heftigkeit solcher Attacken beeindruckte auch Biologen. Denn normalerweise fliegen Aaskrähen nur Scheinangriffe, in denen es allenfalls zu beiläufigen Berührungen mit dem Attackierten kommt. Möglicherweise fürchteten die Vögel in den geschilderten Fällen so ernsthaft um ihre Brut, dass sie ihre ursprüngliche Scheu vor dem Menschen verloren hatten. Oder aber sie spürten keine Scheu mehr, weil fürsorgliche Zweibeiner sie vorher gefüttert hatten.

Im Norden Brandenburgs stehen Kolkraben im Verdacht, neugeborene Kälber und Schafe anzugreifen. Es kursieren Berichte von aufgerissenen Leibern mit freiliegenden Därmen und Innereien sowie von herausgerissenen Augen. Dass dafür allerdings irgendwelche Rabenvögel verantwortlich seien, hält Dieter Wallschläger von der Universität Potsdam für sehr unwahrscheinlich. »Kolkraben sind gar nicht in der Lage, ein lebendes Kalb anzugreifen.« Der Zoologe vermutet, dass die Vögel erst an die Tiere gehen, wenn die bereits tot sind. Es gebe keinen Beweis, dass sie lebende Kälber töten. »Ihre Schnäbel schaffen es gar nicht durch deren Fell hindurch«, so der Rabenvogel-Experte. Die Vögel würden lediglich auf Tot- oder Nachgeburten warten, um dadurch ihren Speiseplan mit hochwertigen Proteinen aufzurüsten. Oder aber sie zwicken schlafenden Kälbern in den Schwanz, die daraufhin aufstehen und Kot fallen lassen – und der wird dann von den Raben genüsslich verspeist. Was zwar in unseren Augen auch nicht gerade appetitlich klingt, aber aus dem Vogel keinesfalls einen Mörder macht.

Insgesamt kommen die tatsächlichen Probleme weniger mit der Aggressivität als mit der Flexibilität und Omnipräsenz der Vögel. »Die Krähen rücken immer weiter in die Städte vor, weil es für sie sichere Plätze sind«, erklärt Rüdiger Albrecht, Artenschutzreferent beim Landesamt im Kreis Rendsburg-Eckernförde. Denn auf dem Land hätten sie keine Heimat und Perspektiven mehr, weil ihnen die industrielle Agrarwirtschaft die Lebensgrundlagen – beispielsweise die Feldgehölze und natürlichen Futterressourcen – genommen hat. In den Städten haben die Tiere hingegen weniger Feinde, es gibt dort keine Pestizide und dafür sehr viel leicht verfügbare Nahrung. Warum sollte sich ein intelligenter Vogel mit dem mühseligen Aufpicken von Aas oder Ackersaatgut begnügen, wenn in den Städten üppig gefüllte Mülltonnen auf ihn warten? Warum sollte er sich in Wald und Flur den Jägern stellen (die er im Übrigen schon von weitem erkennt!), wenn er im städtischen Park praktisch einen All-inclusive-Urlaub bekommt? Denn wenn dort die Enten, Schwäne, Tauben, Amseln und Spatzen gefüttert werden, wandert vieles davon am Ende im Krähenmagen – entweder direkt oder aber indirekt, indem sich die schwarzen Jäger an den gut entwickelten Eiern und Küken der anderen Vögel bedienen.

In Großstädten wie Berlin, Dresden, Bremen und Koblenz sind bereits ganze Stadtteile unter der Kontrolle der zivilisationstauglichen Raben und Krähen. In München nisten mittlerweile zwanzig Krähenpaare pro Quadratkilometer, in einigen Gebieten sind es über hundert. In einem speziell untersuchten Areal in Hamburg steigerte sich die Zahl der Elsternpaare binnen zwanzig Jahren um das 25fache. Passanten fühlen sich oft an Hitchcocks »Vögel« erinnert, wenn sie an Krähen-Hotspots, wie etwa am Bremer Flughafen, entlanggehen. Die zeternden und krächzenden Kolonien veranstalten dort nicht nur ein einschüchterndes Lärmspektakel, sie bedienen sich auch ungehemmt aus Mülltonnen und Containern, picken Krümel und andere Essensreste vom Boden, ziehen Pommes aus der Pappschachtel vom Imbisskunden oder Mützen vom Baby- oder Kinderschopf.

Mancherorts wagen sich Passanten nur noch mit Schirm aus dem Haus, aus Angst vor den herunterfallenden Fäkalien der Vögel. Wie etwa in California, einer Universitätsstadt südlich von Pittsburgh. Die ätzenden Krähentropfen fallen dort, wie Bewohner entnervt zu Protokoll geben, »wie Regen vom Himmel«. Die Studenten brauchen schon lange keine Wecker mehr, weil sie vom ohrenbetäubenden Krächzen der gefiederten Kolonien aus dem Schlaf gerissen werden. Wobei die natürlich keine Rücksicht auf den Stundenplan nehmen und bisweilen auch mitten in der Nacht loslegen, wenn sie sich gestört fühlen. Der Universität gelang es immerhin, die schwarz gefiederten Horden mit Laserlichtern und Nebelkanonen von ihrem Gelände zu vertreiben. Doch die Vögel zogen daraufhin einfach nur ein paar hundert Meter weiter, wo sie seitdem die Nachbarn ärgern.

Am neuen Berliner Hauptbahnhof mussten defekte Fensterscheiben ausgewechselt werden, weil Krähen in ihrem Spieltrieb die Fensterdichtungen herausgepickt hatten. Im Stadion von Hannover 96 zerhackten sie auf ihrer Jagd nach Insekten die teure Innendachfolie. Der Fußballverein ließ daraufhin tote Krähen aufhängen, so wie im Mittelalter die Burgherren hingerichtete Verbrecher weit sichtbar baumeln ließen, um kriminelle Neuankömmlinge abzuschrecken. Der Erfolg solcher Aktionen hält sich jedoch in Grenzen. Spaziergänger sind zwar entsetzt, wenn sie die Vogelmumien sehen. Doch die gefiederten Intelligenzbestien lassen sich dadurch nur wenig mehr beeindrucken als durch Vogelscheuchen oder blinkende CD-Scheiben. Vor allem dann, wenn die eine oder andere von ihnen dabei zugesehen hat, wie ihr toter Artgenosse aufgehängt wurde. Was sollte dabei jemanden, der eins und eins zusammenzählen kann, in Angst und Schrecken versetzen? Die Krähen halten es lieber mit der Erkenntnis des französischen Philosophen Michel de Montaigne: »Nicht der Tod, sondern das Sterben beunruhigt mich.« Um sie nachhaltig zu beeindrucken, müsste man sie vielmehr dabei zusehen lassen, wie ein Artgenosse qualvoll ermordet wird. Doch so weit wollen ihre zweibeinigen Häscher dann auch wieder nicht gehen.

»Wir kriegen sie nicht mehr weg«

Im November 2011 trafen sich erstmals Experten aus den unterschiedlichsten Bereichen zum so genannten

Krähensymposium. Austragungsort war das ostfriesische Leer, das bereits sechs Jahre zuvor unter Titeln wie »Massentod im Krähenfang« und »Das Krähenmorden geht weiter« unrühmlich in die Schlagzeilen gekommen war. Damals hatte man unter Aufsicht der Tierärztlichen Hochschule Hannover mehrere tausend Krähen und Elstern mit einer Falle gefangen und anschließend erschlagen. Mit einem Knüppel, was nicht nur Tierschützer auf die Palme gebracht hatte. Und wenige Monate nach der konzertierten Totschlagsaktion war der Krähenbestand sogar noch größer als zuvor. Also rief man in Leer zu einem Symposium, um sich externen Rat zu einzuholen.

Doch dessen Ergebnisse waren so ernüchternd, dass es bisher kein weiteres Symposium mehr gegeben hat. So konstatierte der Leerer Landschaftsplaner Werner Klöver: »Die normale Vertreibung, das Vergrämen bringt nichts.« Wer die Vögel mit Drohnen verfolgt, ihre Nester mit Wasser wegspritzt oder sogar Bäume fällt, riskiere vielmehr, dass die Tiere ausweichen: Ihre Kolonien spalten sich auf und verteilen sich auf andere Gebiete, was dann die Nachbargemeinden in Rage bringt. Ganz zu schweigen davon, dass Krähen, denen man die Bäume als Rückzugsraum nimmt, einfach auf ein Leben als Bodenbewohner umstellen und beispielsweise bodenbrütenden Vögeln kurzerhand die Nester rauben und vorher die Eier und Küken wegfressen.

Das massive Bejagen bringt auch nichts, wie man ja bereits an der Leerer Totschlagaktion gesehen hat. Oft steigt sogar im Anschluss daran die Population, weil einerseits Krähen aus benachbarten Kolonien einziehen und die entstandenen Lücken füllen und andererseits die Reste der ursprünglichen Population ihre Fortpflanzungsbemühungen intensivieren. »Ohne Jagd funktioniert die Regulation natürlich; durch die Lebensräume und Grenzen, die durch die Umwelt gesetzt werden«, erklärt der deutsche Evolutionsbiologe Josef Reichholf. »Wenn nicht mehr Territorien verfügbar sind, die einigermaßen Aussicht auf erfolgreiches Großziehen von Nachwuchs sichern, nutzen mehr Brutversuche nicht.« Durch die Jagd wird jedoch diese natürliche Regulation außer Kraft gesetzt, und die Krähen erhöhen die Zahl ihrer Brutversuche, um die durch die Jagd aufgerissenen Lücken im Bestand möglichst schnell wieder zu füllen.

Nicht wenige Experten halten daher den Kampf gegen die schwarze Vogelinvasion für verloren. Sie aus den Städten zu vertreiben sei sinnlos, solange man ihr auf dem Land keine Alternative böte. Besser also, wir arrangieren uns mit ihnen und finden einen Kompromiss. Oder, wie es der Laarer Umweltbeauftragte auf dem Symposium in Leer treffend ausdrückte: »Wir müssen mit den Krähen leben, denn wir kriegen sie nicht mehr weg.«

Der Elefant: Vom Pannen-Monster
zum Genie

So verwunderlich die Intelligenz der Krähen zunächst
auf die Neurozoologie gewirkt hat, weil man unter deren
Schädeldecke keine Großhirnrinde findet, so zwangsläufig erscheint die Klugheit der Elefanten. Wobei diese
Klugheit skurrilerweise am Ende einer Kette von Experi-
menten steht, mit denen die Evolution typischerweise
immer wieder versucht, mit Fehlentwicklungen und Irrtümern klar zu kommen, für die sie selbst gesorgt hat.

Denn am Anfang der elefantösen Entwicklung stand
vermutlich der »Beschluss«, größer als alle anderen
Landtiere auf diesem Globus zu werden. Ausgewachsen
wiegt ein Elefant bis zu sieben Tonnen und damit mehr
als doppelt so viel wie etwa ein Breitmaulnashorn oder
ein Flusspferd. Der Vorteil dieser ungeheuren Größe:
Man spart Energien, denn mit der Größe eines Lebe-
wesens wächst sein Volumen deutlich mehr als seine
wärmeabstrahlende Oberfläche. Der Nachteil: Die sieben
Tonnen müssen, selbst wenn sie eigentlich der Energieersparnis dienen, erst einmal mit Futter versorgt werden. Weil der Elefant aber auch noch Pflanzenfresser
ist (mit seiner Schwerfälligkeit hätte er keine Chance,
irgendein Tier mit hochwertigen Eiweißen zu erlegen),
muss er enorm viel fressen. Ein Männchen vertilgt mitunter bis zu dreihundert Kilogramm Pflanzenmaterial
pro Tag! Dazu braucht man ein kräftiges Gebiss. Wes-

wegen die vier Mahlzähne am hinteren Ende des Elefantenkiefers jeder für sich fünfunddreißig Zentimeter lang und mehrere Kilogramm schwer werden können. Das Elfenbein am vorderen Kieferende kann sogar bis zu drei Meter lang werden. Im Natural History Museum in London stehen die Stoßzähne eines Männchens, das 1897 am Kilimandscharo erlegt wurde: Sie wiegen zusammen zweihundert Kilogramm!

Klar, dass der ohnehin schon massige Kopf des Elefanten durch die zentnerschwere Bezahnung zu schwer wurde für einen normalen Vegetarierhals, wie ihn beispielsweise ein Pferd oder eine Gazelle hat. Also musste die Evolution wieder nachbessern. Das tat sie, indem sie dem Elefant einen extrem kurzen und dicken Nacken mitgab. Der brachte allerdings wiederum das Problem, dass man mit ihm den Kopf nicht richtig auf die Erde bringen konnte, um dort Gras zu zupfen. Also war wieder die Kreativität der Evolution gefordert – und sie schuf schließlich den drei Meter langen und extrem beweglichen Rüssel. Am Ende stand ein Wesen wie von einem anderen Stern, mit dem Hannibal keine Probleme haben sollte, die hart gesottenen Römer in Angst und Schrecken zu versetzen: riesig, kurzhalsig, langnasig und ausgestattet mit extrem langen Zähnen, mit denen er sich an den Fersen seiner dicken Beine kratzen könnte. Selbst die segelartigen Ohren der afrikanischen Elefanten sind Resultat eines evolutionären Korrekturversuchs. Offenbar war nämlich ihr Körper zu groß geworden, so dass mehr

Wärme im Körper übrig blieb, als dem Tier gut tat (denn das Tier wohnt ja nicht im kalten Mitteleuropa, sondern auf sonnendurchfluteten Steppen in Äquatornähe). Also musste die Evolution zusätzliche Fläche zum Wärmeabstrahlen schaffen: eben die riesigen Ohren.

Fazit: Die eigentümliche Gestalt des Elefanten ist letzten Endes das Resultat einer nicht enden wollenden Kaskade von Irrtümern und Korrekturversuchen. Ganz schön aufwendig! Andererseits muss man aber auch sagen, dass sich der Aufwand gelohnt hat. Denn durch den Rüssel bekam der Elefant ein Organ, mit dem er die Welt – im wahrsten Sinne des Wortes! – *begreifen* kann. Genau wie die Hand des Menschen maßgeblich zu seiner Entwicklung zum Homo *sapiens* beitrug. Wer greifen kann, gibt seinem Gehirn zahlreiche Reize und Stimuli, die entscheidend zur Intelligenz beitragen.

So auch beim Elefanten, der zu den klügsten Tieren überhaupt gehört. Was man beispielsweise an ihrem beachtlichen Fremdsprachentalent sieht. Eine Elefantendame im kenianischen Tsavo-Nationalpark imitierte stundenlang das Brummen der Trucks, die auf der drei Kilometer entfernten Fernstraße zwischen Nairobi und Mombasa entlang donnerten. Wahrscheinlich hatte sie dieses eigentümliche Hobby entwickelt, weil sie einsam war und keinen Anschluss an eine größere Elefantentruppe hatte. Ihr Artgenosse Calimero, ein afrikanischer Elefantenbulle aus dem Baseler Zoo, übte sich ebenfalls als Geräuschimitator: Er zwitscherte. Denn er lebte seit

vielen Jahren mit zwei asiatischen Elefantenkühen zusammen, deren Dialekt er nachzuahmen versuchte. Mittlerweile lebt er wieder mit afrikanischen Artgenossen
zusammen, im holländischen Hilvarenbeek-Safaripark
– und seitdem trötet er wieder, wie es sich für einen Elefanten in der Serengeti gehört.

Elefanten haben auch Humor. Zoopfleger berichten
immer wieder, wie sie von dem Rüsseltier ins Wasserbecken oder in den Futtertrog geschubst wurden. Nicht wenige Besucher gehen mit nassen Klamotten nach Hause,
weil sie vom Dickhäuterrüssel mit Wasser bespritzt wurden. Manche schwören, dabei ein vergnügtes Glitzern in
den Elefantenaugen gesehen zu haben. Doch Intelligenz
ist auch ein zweischneidiges Schwert, den Vorteilen der
Klugheit stehen viele Nachteile gegenüber. Und das kann
die Umwelt bei einem so kräftigen Tier wie dem Elefanten kräftig in Mitleidenschaft ziehen.

Völlig entrüsselt

Denn intelligente Lebewesen sind anfälliger für Frustra-
tionen und Traumata, aus denen sich bekanntermaßen
schnell Aggressionen entwickeln, weswegen aus den gut-
mütig wirkenden Riesen des Öfteren rasende Ungeheuer
werden. So schrieb der 1992 verstorbene Heini Hediger: »Auf jeden in einem Zoo gehaltenen Elefantenbullen
kommt ein toter Pfleger.« Hediger wusste, wovon er

sprach, denn er leitete die Zoos in Bern, Basel und Zürich. Sein Statement ist nach wie vor aktuell, denn immer wieder kommen im Elefantengehege Tierpfleger zu Tode. Die European Elephant Group warnt: »Elefanten sind haltungsbedingt das gefährlichste Wildtier in Menschenhand«, denn kein anderes habe so viele Todesopfer gefordert.

In Indien kommt es immer wieder zu Zwischenfällen durch Arbeitselefanten, die sich aus ihren Ketten befreit haben. Allein in Assam kommen Jahr für Jahr bis zu hundert Menschen ums Leben, weil sie von einem tobenden Dickhäuter niedergetrampelt, per Rüssel erschlagen oder vom Stoßzahn durchbohrt werden. Meistens sind die Täter Einzelgänger, doch einige Tiere haben sich auch in Banden organisiert, die auf Überfälle spezialisiert sind. Im Visier haben sie vor allem Häuser, die an den Dorfrändern liegen: Ein oder zwei Elefanten gehen hinein, um sich an den Vorräten zu bedienen, und zwei bleiben draußen, um zu verhindern, dass jemand von den Hausbewohnern Hilfe holt. Nach einer Weile wird getauscht, und die Aufpasser dürfen rein, und die anderen gehen raus. Immerhin kommt dabei in der Regel kein Mensch zu Schaden, aber das Haus ist danach abrissreif. Jedenfalls ist das Bild vom friedlichen Riesen, der sich einvernehmlich der Sklavenarbeit für den Menschen fügt, eine bloße Legende, und es hängt wesentlich davon ab, wie gut sich das Tier in seiner Gefangenschaft fühlt.

Das Frust-Aggressionsmuster gilt aber auch in Freiheit. So vergeht in Afrika praktisch kein Tag im Jahr, an dem nicht irgendein Elefantenüberfall gemeldet wird. Wie etwa in Bunyaruguru, ein Dorf im westlichen Uganda, über das eine Herde marodierender Dickhäuter hinwegwalzte. Die Bewohner standen danach fassungslos vor den Trümmern ihrer Heimat, nie zuvor hatten sie mit den Tieren irgendwelche Probleme gehabt. Doch es sollte noch schlimmer kommen. Die tonnenschweren Randalierer fingen an, die Straßen zu blockieren und gezielt Fußgängern sowie fahrenden Autos und Drahteseln nachzustellen. Denn auch ein afrikanischer Elefant ist klug genug, um zu wissen, dass fliehende Menschen gerne Hilfe holen – und das wollte man unbedingt verhindern. Es gab Tote und Verletzte.

In Kenia raste ein Elefant durch eine Wandergruppe. Eine Frau mit Kind konnte nicht rechtzeitig entkommen, beide wurden tot getrampelt. In Südafrika legten desorientierte Elefantenbullen ein – im wahrsten Sinne – artfremdes Verhalten an den Tag. Sie vergewaltigten und töteten über hundert Rhinozerosse, was selbst hartgesottene Wildhüter in Erstaunen versetzte. Doch die Männer entschlossen sich erst zum Abschuss, als sich die gewalttätige Rüssel-Gang einigen Safari-Lastwagen gewidmet hatte. In Dumurkota, einer Gemeinde im Osten von Indien, überfielen fünfzig Elefanten ein Schnapsgeschäft, um fünfhundert Liter eines alkoholischen Blütentrunks namens »Mahua« leer zu trinken. Reichlich angeschickert torkelten sie weiter, um überall einzukehren, wo weitere Flaschen oder Karaffen der Köstlichkeit zu finden waren. Dass sie sich dabei nicht an die Tischsitten hielten, liegt nahe. Mehrere Dörfer wurden verwüstet.

In Thailand besuchte kürzlich ein Dickhäuter ein Restaurant, um sich dort neben acht Kilogramm Zucker auch noch drei Kilogramm Glutamat einzuverleiben. Das Gebäude war danach stark renovierungsbedürftig, die Einrichtung musste neu angeschafft werden. Was aber viel erstaunlicher ist: Bekanntlich handelt es sich bei Glutamat um einen umstrittenen Geschmacksverstärker, der für eine Art deftigen Fleischgeschmack sorgt. Was will ein Veganer wie der Elefant damit?

Bedeutsamer ist aber sicherlich die Frage, ob die Elefanten schon immer so aggressiv und übergriffig waren oder sich erst in den letzten Jahren dazu entwickelt haben. Für Experten ist die Antwort klar: Vom Wesen ist der Dickhäuter eher friedlich gesinnt. Denn Gewalt und Töten kosten Kraft, so etwas machen Tiere nur, wenn es sich lohnt, und das ist für einen Veganer nur im Ausnahmefall, etwa in einer Notwehrsituation gegeben. Trotzdem treten Elefanten in den letzten zwei Jahrzehnten immer öfter als Aggressoren in Erscheinung, vor allem gegenüber dem Menschen. So oft, dass Wissenschaftler 1995 eine Human-Elephant-Conflict-Statistik ins Leben riefen. Die dabei gewonnenen Zahlen, so das Resümee, ließen eindeutig den Schluss zu: »Das Verhältnis zwischen Elefant und Mensch ist so problematisch wie nie zuvor.«

Die IUCN (International Union for Conservation of Nature and Natural Resources) bezeichnet die verhaltensauffälligen Elefanten der letzten Zeit als »Problemtiere« und kategorisiert sie unter der Kategorie »Wildlife pest«. Die amerikanische Ökologin und Verhaltensforscherin Gay Bradshaw behauptet sogar: »Zwischen Menschen und Elefanten herrscht Krieg.« Und wie bei jedem Krieg gehe dabei der Blick für die Realität verloren. »In Zentralafrika spricht man seit zwei Jahrzehnten von einer tief verwurzelten Feindschaft, die angeblich zwischen Mensch und Elefant herrschen würde«, so Bradshaw. »Dabei gab es zuvor viele Jahrhunderte, in denen beide friedlich nebeneinander lebten.«

Für die US-Forscherin ist aber auch klar, wer den Krieg begonnen hat: der Mensch. Er habe den Elefanten in den letzten Jahren alles genommen, was ihr Dasein ausmacht. So raube er ihnen den Lebensraum, so dass sie nicht mehr genug Nahrung finden. Mit der Folge, dass sie nach anderen Futterquellen suchen müssen. Zudem haben Wilderer nicht nur große Elefantenbestände vernichtet (allein in Uganda sind es neunzig Prozent!), sondern dabei auch gezielt die Tiere mit den größten Stoßzähnen erlegt. Und das sind in der Regel die Führungselefanten, darunter auch die Matriarchin, also jene Elefantenkuh, die oft ihre Herde über Jahrzehnte anführt und ihr Orientierung bietet. Was die Gruppe nicht nur ad hoc destabilisiert und beispielsweise dafür sorgt, dass die zurückgebliebenen Tiere in menschlichen Siedlungen nach ihrem vermissten Herdenmitglied suchen, sondern auch Erziehungskrisen mit Wirkung auf die Zukunft heraufbeschwört. »Nach dem Tod der Matriarchin werden die Kälber von Teenager-Müttern erzogen, zu früh abgestillt, und manchmal bleiben sie sogar ganz auf sich allein gestellt«, so Bradshaw. Das Resultat sind unerzogene Flegel, denen niemand Grenzen aufgezeigt hat: unfähig, um in der Gruppe zu kommunizieren, und ohne Blick und Akzeptanz für die Grenzen, die durch die Umwelt gesteckt werden. Es sei eben, erklärt Bradshaw, »ähnlich wie beim Menschen«. Wer kaum erzogen wird, gerät schnell ins soziale Abseits; und er maßt sich Verhaltensweisen an, die zu Konflikten führen.

Ganz zu schweigen davon, dass die Jungtiere oft miterleben müssen, wie ihre Eltern oder andere Herdengenossen getötet werden. Sie werden dadurch nachhaltig traumatisiert. Gerade in den marodierenden Jungbullen-Herden finden sich größtenteils psychisch schwer angeschlagene Tiere. »Die Gehirne dieser Elefanten weisen im Kernspintomographen die gleichen Veränderungen auf, wie man sie bei menschlichen Opfern von Posttraumatischen Belastungsstörungen findet«, erläutert Bradshaw. Und deswegen dürfe man sich auch nicht über die entsprechenden Verhaltensweisen wundern: erhöhte Schreckhaftigkeit, Bindungslosigkeit, Hyperaktivität, Aggressivität sowie Appetit- und Sexualstörungen, was bei einem Elefanten eben auch in einem starken Verlangen nach Glutamat und Nashörnern münden kann.

Maltherapie für gestörte Dickhäuter

Die Reaktionen des Menschen auf die entrüsselten Ele-
fantenattacken laufen in der Regel auf Gegengewalt hinaus. So wie man Hunde einschläfert, wenn sie gefährlich
werden. Bradshaw warnt jedoch: »Damit wird die Gewalt nicht beendet, sondern fortgeführt.« Denn das Er-
schießen von verhaltensgestörten Exemplaren führt nur
dazu, dass noch mehr traumatisierte Elefanten übrig
bleiben, die dann ihrerseits wieder verhaltensauffällig
werden und den Menschen attackieren. In Zentralasien
und Afrika werden sie dabei auch immer wieder Erfolg
haben, weil man dort unmöglich alle kleinen Dörfer und
Siedlungen schützen kann.

Bradshaws Rat: den Tieren wieder mehr Platz geben und dabei berücksichtigen, dass sie an ihren angestammten Plätzen bleiben können, »denn Elefanten haben feste Pfade, seit Jahrtausenden«. Und die bereits
traumatisierten Tiere könne man in einer Art Psycho-
therapie behandeln. »In Kenia versucht man bereits, die
Elefanten mit Hilfe von Ersatzmüttern wieder in feste
Herdenstrukturen einzubinden.«

Im Tierheim »Elephantstay« in Ayutthaya, Thailands
historischer Königsstadt, behandelt man verhaltensauf-
fällige Dickhäuter sogar per Maltherapie. Unter den be-
handelten Tieren sind auch viele Killerelefanten, die bereits einen Menschen auf dem Gewissen haben. Doch im
»Elephantstay« sind sie so friedlich, dass sie sich in den

Umgang mit Farben einweisen lassen. Und dann schlenkern ihre mit Pinseln ausgerüsteten Rüssel hin und her, bis sie am Ende ein Bild gemalt haben, das man mit viel Phantasie als Baum, Wiese oder Fluss erkennen kann. Oder auch nicht. Aber in der modernen Kunst kommt es ja ohnehin mehr auf die Betrachtungsweise als auf die Herstellung an.

Welcher Affe lässt sich schon gern zum Affen machen?

Santino hat jetzt keine Hoden mehr und dafür einen dicken Buddha-Bauch. Das war nicht immer so. Noch vor wenigen Jahren war er ein Athlet, der die Besucher des Zoos im schwedischen Furuvik das Fürchten lehrte und das Interesse der Wissenschaftler weckte. Ein mutiger Revoluzzer, ausgestattet mit einer Weitsicht, die menschlichen Revoluzzern oft fehlt. Mit ihr hätte der Schimpanse eigentlich ahnen müssen, dass er keine echte Chance hatte. Doch am Ende verspielte er seinen Kredit – und so ist er jetzt nur noch ein Mann ohne Männlichkeit, ein trauriger Abgesang seiner Art.

Santinos Geschichte begann im Sommer 1997, als er anfing, die Zoobesucher zu bewerfen, und zwar nicht mit weichem Futter oder zumindest noch halbwegs biegsamen Ästen, sondern mit Steinen, die wehtun und selbst neugierige Menschen in die Flucht schlagen. Zunächst warf der Schimpanse nur spontan und vereinzelt, doch dann legte er sich Munitionskammern an. In denen deponierte er auch noch Steine, die er aus dem Wassergraben geangelt hatte, und wenn sich dann die ersten Besucher zeigten, konnte er gleich einen Geschosshagel auf sie prasseln lassen. Was das Publikum zunächst belustigt aufjohlen ließ, doch als dann Santino die ersten Treffer landete, musste die Zooleitung handeln. Die Tierpfleger würden angehalten, das Gehege zu durchsuchen. Sie räumten insgesamt fünf Munitionslager, außerdem wurden das Gelände und der Wassergraben so weit wie möglich von Steinen befreit. Es war alles sehr aufwändig – und brachte: nichts. Denn schon wenig später begannen die Wurfkanonaden aufs Neue. Nur dass es diesmal weniger Steine als vielmehr Betonbrocken waren, die Santino irgendwie aus den künstlichen Felsen seines Kerkers herausgeschlagen hatte.

Man beschloss, einen Experten zu holen: Mathias Osvath von der Universität in Lund, einen Zoologen, spezialisiert auf die Evolution der tierischen Intelligenz. Er legte sich wechselweise mit den Pflegern auf die Lauer und protokollierte akribisch, was der Affe so den ganzen Tag machte. Es war, wie es Osvath später in einem wissenschaftlichen Essay nannte, »eines der beeindruckendsten Beispiele für planerisches Verhalten, das im Tierreich jemals beobachtet wurde«.

Denn es zeigte sich, dass Santino eine spezielle Methode entwickelt hatte, um an seine Wurfgeschosse zu

kommen. Basierend auf der Entdeckung, dass die Beton-
felsen in seinem Gehege durch die Witterung brüchig
wurden und man das herausfinden konnte, indem man
sie mit dem Knöchel abklopfte. Also lief der Schimpanse
um die Brocken herum und klopfte. »Sofern dabei ein
hohler Klang zu hören war, machte er sich daran, etwas
herauszubrechen«, so Osvath. Und dieses Stück wurde
dann noch einmal in mehrere Einzelteile zerkleinert, die
wiederum so lange an größeren Felsen zurecht geschla-
gen wurden, bis sie wie ein Diskus gut in der Hand la-
gen. Erst wenn sie diese Ansprüche erfüllten, brachte sie
Santino zu den Verstecken, wo er seine Missiles lagerte.

Der Affe begann mit seiner Waffenproduktion einige
Stunden, bevor der Zoo öffnete. »Er wurde also nicht
durch die konkrete Präsenz der Zoobesucher dazu ani-
miert«, so Osvath. Im Gegenteil. Offenbar legte er seine
Arbeitsschichten genau auf jene Zeiten, in denen kaum
ein Risiko bestand, entdeckt zu werden. Außerhalb der
Saison hingegen, wenn der Zoo für Besucher geschlossen
war, stellte Santino seine Waffenproduktion komplett
ein. Was deutlich zeigt, dass es sich dabei nicht um eine
Spielerei handelte, um Langweile zu vertreiben, sondern
um eine geplante Aktion, die einem bestimmten Ziel
diente: dem Bewerfen der Zoobesucher.

Bleibt die Frage nach den Motiven. Mathias Osvath
verschließt sich einer konkreten Antwort, denn er weiß,
dass man sie nicht geben kann, ohne sich in Spekulatio-
nen zu verlieren. Aber als Wissenschaftler gibt er sach-

lich zu Protokoll: »Während des Einsammelns und Bearbeitens seiner Munition wirkte der Affe ausgesprochen ruhig und konzentriert. Doch wenn er die Besucher bewarf, sträubten sich seine Haare, und er war in höchstem Maße erregt.« Man könnte auch sagen: Er konnte die gaffenden Typen um sein Gehege nicht mehr ertragen und scheuchte sie fort. Möglicherweise, weil er sich durch sie bedroht fühlte. Vielleicht aber auch, weil er sich nicht mehr erniedrigen lassen wollte. Denn wer so viel Weitsicht hat, um sich Waffen zu bauen, sie im Versteck zu lagern und bei Bedarf wieder herauszuholen, versteht auch, dass er im Zoo nicht nur eingesperrt ist, sondern auch als Schaustellungsstück auf dem Präsentierteller steht. Und verträgt sich das mit der Würde eines Wesens, das zu etwa neunundneunzig Prozent die gleichen Gene hat wie diejenigen, die ihn begaffen?

Am Ende freilich hat Santino dann doch seine Würde verloren. Die Zooleitung überlegte lange, was man mit ihm tun sollte. Einsperren wollte man ihn nicht, einschläfern schon gar nicht, und für die wurfwaffenfreie Gestaltung des Geheges fehlte das Geld – also fehlen jetzt dem Anarchistenaffen die Hoden. Und die Besucher fragen sich, ob er sich wohl noch an seine Che-Guevara-Zeiten erinnern kann.

Wie kam Alphie an Herpes?

Santino wählte den Aufstand, ging in den offenen Konflikt mit den Menschen, die ihn einkaserniert hatten. Andere Zooaffen wählen die Flucht – und gehen dann in den Konflikt. Wie etwa Alphie, ein Makake vom Zoo in Pittsburgh. Als durch einen Sturm ein großer Baumast in sein Gehege stürzte, nutzte er ihn entschlossen zum Beginn eines Kurzurlaubs. Zwei seiner Rudelkollegen folgten ihrem Anführer, doch sie wurden schon wenige Stunden später gefasst und zurückgebracht. Aber nicht Alphie!

Zoopfleger, Polizisten und Freiwillige legten ein regelrechtes Fahndungsnetz über ganz Pittsburgh, doch der Affe konnte immer wieder entkommen. Einmal war man nah genug an ihm dran, um einen Betäubungspfeil aus dem Gewehr auf ihn zu schießen – Alphie duckte sich und verschwand in den Bäumen. Die Zooleitung wiegelte ab: Man würde den Makaken schon einfangen, und wenn nicht, würde er todsicher verhungern, denn als Zootier wisse er gar nicht, wie man sich in freier Wildbahn durchschlagen muss. Es bestünde also keine Gefahr.

Was man jedoch nicht bedachte: Alphie hatte zwar keine Ahnung vom Leben in freier Wildbahn, doch er kannte die Menschen. Er schmuggelte sich zu Transportzwecken in ihre Autos, und sofern er entdeckt wurde, ging er auf seine Entdecker los. Die nahmen daraufhin – weil eine Zähne fletschende Meerkatze in den USA niemand gewohnt ist – panisch Reißaus, so dass sich der reiselustige Affe in Ruhe ein neues Vehikel suchen konnte. Auf diese Weise schaffte er es, den Zoo in Pittsburgh mehr als hundert Kilometer hinter sich zu lassen. Den Reiseproviant holte er sich aus Mülltonnen oder gleich direkt von den Tischen der Schnellrestaurants. Es dauerte sechs Monate, bis man ihn endlich einfangen konnte. In Bridgeport, nördlich von Bellaire.

Man brachte den Affen zurück in den Zoo, wo man ihn sogleich einer medizinischen Untersuchung unterzog. Es zeigte sich: Alphie ging es bestens, er hatte sogar Wohlstandsspeck angesetzt. Beunruhigend war aber ein anderer Befund: Der Affe hatte sich nämlich während seiner Tour den Herpes-B-Virus eingefangen. Was für ihn kein Problem war, weil der Erreger einem Makaken nicht viel anhaben kann. Aber für Menschen kann er tödlich sein. Die Polizei forderte deshalb die Bewohner der Gegend auf, sich sofort zu melden, wenn sie von dem Affen gebissen worden waren. Glücklicherweise blieb alles ruhig. Allerdings ist bis heute ungeklärt, wie Alphie sich die Infektion eingefangen hat. Denn seine Rudelkumpane im Zoo waren gesund, von ihnen konnte er sich das Virus nicht geholt haben.

Vermutlich hatte er sich bei einem anderen Makaken jenseits des Zoos angesteckt. Mitten in den USA, obwohl diese Gattung eigentlich in Asien zuhause ist, denn eingesperrten Affen gelingt im Land der unbegrenzten Möglichkeiten immer wieder die Flucht. Nicht nur aus dem Zoo, sondern auch aus dem Zirkus oder Labors und privaten Haushalten. 1992 stöhnte Miami unter einer Makakenplage, die Tiere attackierten nicht nur wehrlose Kinder, sondern auch Erwachsene und Polizisten. Zur Jahrtausendwende bewarfen zwei Rhesusaffen einen Autofahrer in Virginia, und als die Ordnungsbehörden jemanden schickten, wurde er mit Äpfeln bombardiert. Erst als die Polizei kam, machten sich die Tiere aus dem Staub – und niemand weiß, wo sie abgeblieben sind.

Auch Schimpansen verstehen sich auf die Kunst der Flucht, und sie greifen dabei auch zur Lüge, was der Mensch einem Tier eigentlich nicht zutrauen will. Am Yerkes-Primatenzentrum im amerikanischen Atlanta schafften es zwei von ihnen mehrfach, aus ihren Käfigen auszubrechen – kein einziges Mal wurden sie dabei erwischt. Beispielsweise fanden sie heraus, dass die Kunststoffwände ihres Affenhauses brechen, sofern man sie nur ausdauernd genug mit einem harten Gegenstand bearbeitet. Die Pfleger hörten immer wieder das entsprechende Hämmern. Doch sobald sie nachsahen, trafen sie lediglich auf zwei friedlich-untätige Schimpansen mit Unschuldsmiene. Die Tiere ließen sich einfach nicht in flagranti erwischen. Keine Frage: Die beiden Ausbruchskönige wussten, dass ihre Aktionen beim Menschen unerwünscht waren und man sie daher vertuschen musste. Mit ihrer Unschuldsmiene bekundeten sie eindrucksvoll ihr schauspielerisches Talent und ein tiefes Verständnis für die Kunst der Verstellung.

Die Rache der Gequälten

Die größten Massenausbrüche widerfahren regelmäßig dem Tulane National Primate Research Center (TNPRC) in Louisiana. Dort leben mitunter über fünftausend Affen, um an ihnen Medikamente und Kosmetika, aber auch Viren (darunter HIV und Hepatitis) und Bakterien auszuprobieren. 1987 waren es hundert Rhesusaffen, sieben Jahre später achtundzwanzig Makaken und 1998 wieder zwei Dutzend Rhesusaffen, denen die Flucht aus dem riesigen Gebäudekomplex gelang. Dabei sickerte durch, dass die Tiere gelernt hatten, wie sie das Schloss von ihrem Käfig öffnen konnten, worauf das Institut bessere Sicherheitsmaßnahmen gelobte. Trotzdem kam es 2003 und 2005 zu weiteren Massenausbrüchen, abermals durch Rhesusaffen. Einige wurden wieder eingefangen, doch viele blieben vermisst. Möglicherweise sind sie ja noch unterwegs, und in den Sümpfen von Louisiana stehen ihre Überlebenschancen nicht schlecht. Vielleicht stehen sie sogar besser als die Chancen der Menschen, die von ihnen gebissen werden. Denn das TNPRC teilte zwar unmittelbar mit, dass von den geflüchteten Affen keine Infektionsgefahr ausginge. Die eigenen Mitarbeiter schickte man jedoch in Schutzkleidung los, um nach den Flüchtlingen zu suchen.

Die Ausbrüche der Affen werden nicht nur von Tierschützern dahingehend interpretiert, dass die Tiere zuvor gelitten haben. »Warum sollten sie ausbrechen, wenn es ihnen dort, wo sie ausgebrochen sind, gefallen hat?«, fragt Jason Hribal, der eine umfangreiche Dokumentation von Tieraufständen der letzten Jahrzehnte vorgelegt hat. Der Historiker weiß auch davon zu berichten, dass die Toleranzschwelle von Affen – im Unterschied zu Hunden – bei Misshandlungen relativ niedrig ist. »Die Geschichte liefert überaus viele Beispiele dazu«, so Hribal.

Wie etwa den Dezember 2008 im chinesischen Guandong, als drei Makaken über ihren Besitzer herfielen. Die Tiere waren darauf abgerichtet, auf den Straßen Kunststücke zu zeigen, wie beispielsweise Radfahren und das Stibitzen von Hüten oder Taschen der Besucher. Einer der Affen gehorchte nicht so recht, also bekam er den Stock seines Herren zu spüren. Seine beiden Mitakrobaten sahen das und attackierten daraufhin den Schläger, rissen an seinen Haaren, zogen an seinen Ohren und bissen ihm in den Nacken. Der misshandelte Affe seinerseits nahm den Stock und prügelte auf seinen Herren ein, bis das Schlaginstrument brach und das Opfer vor Schmerzen wimmerte. Manchmal trifft der Affenzorn aber auch Unschuldige. So ärgerten Kinder einen Gorilla im Zoo von Dallas, der aufgrund eines Wassergrabens und hoher Wände keine Chance hatte, sich direkt zu wehren. Dafür ging er später auf seine Pfleger los. Eine klassische Übersprungshandlung: Die Pfleger büßten für etwas, was jemand anders dem Gorilla angetan hatte.

Einige Zoos bemühen sich daher mittlerweile darum,

ihre Affen vor sadistischen oder fahrlässigen Übergriffen der Besucher zu schützen. Wie etwa durch Warnschilder und zusätzliches Wachpersonal. Doch die meisten Zoos scheuen die damit einhergehenden Kosten und Konflikte mit den Zuschauern – und schweigen das Problem tot. »Dadurch gehört es dort nach wie vor zum Alltag, dass jugendliche wie erwachsene Besucher die Affen mit Steinen, Münzen, Flaschen, Getränkedosen und anderem bewerfen«, klagt Hribal. In den Gehegen fand man außerdem Zigaretten, Nadeln, Nägel, Rasierklingen und Glasscherben. »Ein großer Renner ist derzeit, mit Luftgewehren auf die Tiere zu schießen«, so Hribal. Man fragt sich, ob sich die Misshandler bei solchen Aktionen als Großwildjäger wähnen, neugierig auf die Reaktionen der Opfer sind oder einfach nur ihren Sadismus ausleben. Dass allerdings die Affen unter solchen Attacken die Contenance verlieren, liegt auf der Hand. Denn sie haben nicht nur ein ähnliches Schmerzempfinden, sondern sind auch genauso sensibel für Demütigungen wie der Mensch.

Sie suchen die Akte XY?
Fragen Sie den Affen!

In freier Wildbahn scheuen sich Affen ebenfalls nicht vor Übergriffen auf den Menschen. So leidet die indische Hauptstadt Neu-Delhi schon seit vielen Jahren unter einer Rhesusaffenplage. Ausgelöst vor allem dadurch, dass die Tiere immer wieder gefüttert werden, weil der Hindu-Gott Hanuman in ihrer Gestalt erschienen sein soll. Die überaus anpassungsfähigen Affen wurden dadurch angelockt und haben mittlerweile jegliche Angst verloren. Jetzt sitzen und turnen sie auf Mauern und Stromkabeln, immer auf dem Sprung, eine Mülltonne oder gleich einen ganzen Obst-Lieferwagen zu kapern. Mancherorts dringen sie auch in Häuser ein, sogar in die der Regierung. Dabei kommt es zu Verwüstungen, denn die Affen gehen bei ihrer Suche nach Nahrung nicht zimperlich vor. Schränke werden umgeworfen und Aktenordner herumgewirbelt, weil man in ihnen Lebensmittel vermutet; und wenn jemand die ungebetenen Gäste zu vertreiben versucht, wird er gebissen.

2014 war die Stadtverwaltung von Neu-Delhi so verzweifelt, dass sie ihre Mitarbeiter in Affenkostüme steckte. Mit dem Auftrag, durch das Regierungsviertel zu laufen und dabei immer wieder aus Gebüschen zu springen und wie ein Langur zu brüllen, denn dieser kräftige Affe steht auf der Feindesliste der Rhesusaffen ganz oben. Am Anfang zeigte diese ungewöhnliche Maßnahme durchaus Erfolge. Doch dann begriffen die Rhesusaffen, wer in den Kostümen steckte. Ganz zu schweigen davon, dass die Motivation der Langurendarsteller auf Dauer stark nachließ. Weswegen man sich jetzt in den Ministerien mit der Situation abgefunden hat. Man hat sie sogar als Ausrede entdeckt. Wenn nun ein Beamter eine bestimmte Akte nicht finden kann, heißt es einfach: Tut uns leid, die haben wohl die Affen gestohlen.

Im südafrikanischen Kapstadt sorgen keine Rhesusaffen, sondern Paviane für Unruhe. Und auch hier lautet die Erklärung, dass sie – vor allem von Touristen – immer wieder gefüttert werden. Was bei Pavianen im Unterschied zu den Rhesusaffen nicht nur zur Folge hatte, dass sie ihre natürliche Scheu verloren haben. Denn laut ihren ungeschriebenen Rudelgesetzen gilt: Wer jemand anderem das Futter reicht, steht sozial ganz weit unten. Wenn also ein Pavian von Menschen gefüttert wird, betrachtet er das als Dienstleistung eines niederen Wesens – und das lässt er dieses Wesen deutlich spüren. Beispielsweise dadurch, dass er drohend auf Autodächern herumtrampelt. Aus Swimmingpools säuft und in die Gärten seiner vermeintlichen Dienstboten kackt. Außerdem brechen die Affen in Häuser ein und knacken Autos, stehlen bei Gartenpartys die Würstchen vom Grill und zerren Spaziergängern den Rucksack vom Körper. Einmal haben sie sogar ein Baby aus dem Kinderwagen gerissen, um sich dessen Fläschchen zu greifen.

In den betroffenen Stadtvierteln verbarrikadieren sich die Leute in ihren Häusern und trauen sich nicht mehr in die Gärten. Die Behörden der südafrikanischen Metropole haben deshalb eine Spezialeinheit beauftragt, die Affenhorden zur Räson zu bringen. Beispielsweise durch das Abschießen von Paintball-Kugeln und das Versprühen von Pfeffersprays. Oder dadurch, dass sie den Tieren laut kreischend hinterherrennen. Das Problem dabei ist jedoch: Die Affen sind ihren Häschern körperlich weit überlegen. Sie klettern auf Dächer und Bäume, und ihre Männchen sind bis zu vierzig Kilogramm schwer, und wenn die zur Attacke blasen, können sie sogar das Fünffache der menschlichen Körperkraft freisetzen, weil sie weniger Hemmungen haben und voll austrainiert sind.

Selbst in punkto Intelligenz scheinen die Affen ihren bekleideten Verwandten keineswegs unterlegen zu sein. Wenn sie einmal in ein Haus eingebrochen sind, merken sie sich die Aufteilung der Räume, und wenn sie dann das nächste Mal wiederkommen, knacken sie gezielt das Fenster der Küche oder die Tür des Lagerraums, so dass bereits alles leer geräumt ist, wenn sie entdeckt werden.

Außerdem haben sie begriffen, wie moderne Autos aufgehen. Die Paviangangster warten seelenruhig in den Gebüschen rund um einen Parkplatz, bis sie von einem Fahrzeug das typische Klackgeräusch des Funkschlosses hören, und dann rennen sie zu dem Auto, öffnen seine Türen und räumen alles heraus, was nach Essen oder einem Spielzeug für die Familie aussieht. Meistens schauen die verdutzten Fahrzeughalter dem Treiben nur fassungslos zu. Einmal griff einer von ihnen zum Handy, um die Polizei zu holen – doch bevor er es nutzen konnte, war es auch schon wieder weg: Ein Affe hatte es sich geschnappt und in hohem Bogen weggeworfen. Er wusste offenbar, dass Menschen dieses Gerät gerne nutzen, um Verstärkung zu holen.

Aufgrund solcher Intelligenzleistungen haben die Behörden Kapstadts ihrer Pavian-Polizei wissenschaftliche Unterstützung zur Seite gestellt: den südafrikanischen Verhaltensforscher Justin O'Riain. Von ihm stammt auch die Idee, die Affen mit Paintball-Gewehren und Pfeffersprays zu beschießen. »Sie sollen die Tiere nicht verletzen, aber ihnen den Aufenthalt unangenehm machen, so dass sie davon Abstand nehmen«, so sein Argument, das auf dem so genannten »Aversive Conditioning« basiert. Gemäß dieser auf den russischen Physiologen Iwan Pawlow zurückgehenden Theorie unterlassen lernfähige Lebewesen eine Handlung, sofern diese bei ihnen immer wieder mit einer negativen Empfindung verknüpft wird. Doch O'Riain befürchtet schon, dass diese Methode bei den Affen wohl höchstens einen Teilerfolg erzielen wird. In einem Stadtteil Kapstadts hat sie zwar gefruchtet, doch in anderen Bezirken ist sie wirkungslos verpufft. Der Grund: Die Tiere werden tough. Das Leben in einer ihnen feindlich gesinnten Umgebung hat sie hart gemacht. Egal, ob sie von Hunden gebissen, Autos angefahren oder Paintball-Pistolen beschossen werden – sie kommen wieder. »So ein Verhalten kannte man bisher von den Pavianen nicht«, so O'Riain. »Da scheint sich gerade etwas fundamental zu ändern.«

Der Clown wird böse: Aufstand
der Schimpansen

Fundamental ändern müssen wir in Europa und den USA auch unser Bild vom Schimpansen, das ihn als pfiffigen Begleiter von Tarzan, Clown für Werbezwecke und als Ausmal-Comic für Kinder zeigt. In Afrika jedoch nennt man ihn vielerorts »Killer-Chimp« (Chimp ist eine Abkürzung von Chimpanzee). Und das ungefähr seit Anfang dieses Jahrtausends, als die Affen in Zentralafrika immer wieder durch brutale Aktionen gegenüber Menschenkindern auffielen. So hatte eine Feldarbeiterin ihr drei Monate altes Baby in den Schatten eines Baumes gelegt, als ein Schimpanse das Kind wegzerrte und im dichten Wald verschwand. Obwohl sofort eine Suchaktion gestartet wurde, kam die Hilfe zu spät. Als man das Kind fand, hatte es bereits keine Nase mehr, und auch ein Teil seiner Oberlippe war abgebissen. Eine Woche später war der Säugling tot.

Für die Zeit zwischen 2002 und 2004 sind allein in Uganda fünfzehn Fälle dokumentiert, in denen Schimpansen auf Kinder losgingen und sie schwer verletzten. Worauf selbst Naturschutzorganisationen den »Killer-Chimp« in ihr Vokabular übernahmen. Seit einigen Jahren gehen zwar die Angriffe zurück, weil die Eltern jetzt mehr auf ihren Nachwuchs achten. Doch dafür trinken die Affen jetzt den Bauern ihr illegal gebrautes Bananenbier weg, und anschließend ziehen sie marodierend durch die Dörfer, um sich aus den Speisekammern zu bedienen. Ist eigentlich nur eine Frage der Zeit, wann sie auf eine der bereits erwähnten Elefantenhorden stoßen.

Die Zeit der Kindesentführungen ist jedoch damit nicht erledigt, sie haben sich nur geographisch verlagert. Im Herbst 2010 enterte ein malaysischer Schimpanse ein Haus, schnappte sich ein vier Tage altes Baby und schleppte es auf das Dach des Hauses, wo er es dann herunterstürzen ließ. Das Kind überlebte – und das kam einem Wunder gleich. Denn es war nicht nur vom Dach gestürzt, sondern trug auch Bisswunden an Ohren, Hals und Kopf davon. In Saudi-Arabien war es einige Monate später ein Pavian, der sich ein zweijähriges Kind schnappte und über die Mauer des Hauses zu ziehen versuchte. Als er vom Vater entdeckt wurde, ließ er sein Opfer erschrocken fallen. Das Kind überlebte mit schweren Prellungen.

Weniger glimpflich verlief die Attacke, die 2015 eine Horde Schimpansen auf drei kleine Kinder verübte. Tatort war wieder Afrika, genauer gesagt ein Feld nahe des Narunga National Parks in Kongo. Eines der Kinder wurde erschlagen, das zweite erschlagen und zerrissen, und das dritte überlebte mit schwersten Bisswunden im Gesicht, die im Januar 2016 in den USA operiert wurden. Die Chirurgen bezeichneten die Operation später als einen der kompliziertesten Eingriffe, die sie je durchgeführt hätten. »Normalerweise verpflanzen wir Gewebe von der Ober- zur Unterlippe oder umgekehrt. Doch diesmal waren von beiden nicht mehr genug übrig, um so zu verfahren. Wir mussten also beide Lippen aus anderem Gewebe rekonstruieren, was meines Wissens erst ein oder zwei Mal in der Welt gemacht wurde«, erklärt der leitende Chirurg Alexander Dagum vom Stony Brook University Hospital in New York.

Immerhin wussten die Ärzte, was zu tun war. Die Zoologen hingegen rätseln darüber, was Affen dazu bringen kann, ein kleines Kind zu verstümmeln. Und zwar nicht nur gelegentlich, sondern fast immer, wenn sie sich an menschlichem Nachwuchs vergreifen. Klar ist, dass man den Alkohol als Ursache ausschließen kann, denn bei fast allen Aktionen waren die Primaten zwar aufgeregt, aber ansonsten klar im Kopf. Ganz zu schweigen davon, dass man sie nicht ohne weiteres an solche Drogen wie Bananenschnaps herankommen lässt.

Einige Wissenschaftler vermuten, dass die Affen, weil der Mensch ihre Wälder rodet und ihnen dadurch die natürlichen Nahrungsressourcen raubt, von Vegetariern zunehmend zu Fleischfressern geworden sind und dadurch auch kleine, wehrlose Menschen auf ihren Speiseplan gesetzt haben. So berichtet der US-amerikanische Biologe Michael Gavin, dass die Schimpansen bei all ihren Angriffen auf Kinder genauso vorgingen, als wenn sie einen Stummelaffen – eine ihrer Leibspeisen – verzehren würden. »Erst beißen sie ihnen die Weichteile ab wie etwa die Lippen; dann die Arme und Beine – und am Ende werden die Opfer erst ausgeweidet.« Wer sich jetzt wundert, dass dies für einen Vegetarier eher ungewöhnlich klingt, dem sei gesagt: Der Schimpanse ist *kein* Vegetarier. Sein mit Eckzähnen bewehrtes Gebiss zeigt, dass er immer mal wieder Tiere reißt; und sein kurzer Verdauungstrakt versetzt ihn in die Lage, deren Eiweiß möglichst schnell – bevor es verdirbt – zu verdauen.

Andererseits sollte man sich davor hüten, den Schimpansen als typischen Jäger zu betrachten. Denn im Unterschied zu Leoparden, Löwen oder Krokodilen stellt er nur in Ausnahmefällen zielstrebig tierischer Beute nach. Wie etwa im Tai-National-Park an der Elfenbeinküste, wo er regelmäßig Colobus-Affen verspeist, die nicht nur viel kleiner sind als er, sondern ihm auch noch den Gefallen tun, jeden Morgen durch laute Brüllkonzerte auf sich aufmerksam zu machen. Ansonsten jedoch kommt Fleisch bei den meisten Schimpansen eher zufällig in den Magen, wenn sie beim Umherstreifen durch den Wald auf etwas treffen, das sie ohne Aufwand und Risiko erlegen können.

Die Kindesattacken werden daher von der Mehrzahl der Forscher nicht als Jagdaktionen interpretiert, sondern als unvermeidliche Folge der Tatsache, dass der Mensch den Affen immer mehr Lebensraum nimmt. Laut einer internationalen Studie mit Beteiligung der Max-Planck-Gesellschaft haben die afrikanischen Menschenaffen in den zwei Jahrzehnten seit 1990 mehr als zweihunderttausend Quadratkilometer Lebensraum verloren, dies entspricht etwa einer Fläche von vier Fußballfeldern pro Tag. Was vor allem zwei Konsequenzen hat: dass nämlich erstens Affe und Mensch immer öfter aufeinander treffen, weil die Tiere weniger Rückzugsmöglichkeiten haben und zudem beim anderen Zweibeiner neue Nahrungsquellen zu finden hoffen. Und zweitens, dass sie sich bedroht fühlen und sich zur Wehr setzen. Dies tun sie teilweise mit beachtlicher Brutalität, die ja, wie selbst Schimpansen-Beschützerin Jane Goodall eingesteht, durchaus in ihrem Wesen liegt. Doch das ändert nichts daran, dass man ihre Attacken auf Menschen als Abwehr- oder Frust-Reaktionen auf die Zerstörung ihrer Lebensräume betrachten sollte. »Normalerweise sieht man keine Schimpansen, die Dörfer überfallen und Kinder entführen«, betont Doug Cress von der *Pan African sanctuaries Alliance*, der größten afrikanischen Naturschutzorganisation. »Der Mensch hat den Krieg begonnen, und die Schimpansen schlagen zurück.«

5   Ratatouille aus dem Kanal

Eigentlich hatte Xavier Francolon geplant, nach netten Motiven rund um den Louvre zu suchen. Denn von Hause aus ist er kein Fotograf, der nach schockierenden Motiven sucht. In seinen Bildern spielt er gerne mit Farbe und Stimmungen, und da darf es auch etwas mystisch und unheimlich zugehen, aber eben nicht ekelhaft. Also ging er in die fünfhundert Meter vom Louvre entfernten Tuilerien. Einen Park mit ausdrucksstarken Bildsäulen, die immer für außergewöhnliche Schnappschüsse gut sind. So auch diesmal, im Frühjahr 2014. Nur dass das Außergewöhnliche der Bilder etwas völlig anderes werden sollte als das, womit Francolon gerechnet hatte.

Denn als der französische Fotograf seine Fotos später zu einer Bilderreihe zusammenstellte, standen nicht etwa Denkmäler oder in den Gärten lustwandelnde Menschen im Vordergrund, sondern freche, ebenso angstfreie wie gut genährte Wanderratten. Auf einem Foto sieht man zwei kleine Kinder mit einem Ball, der achtlos am Wiesenrand liegt. Denn das Interesse der beiden gilt einer Ratte, die dann doch lieber Reißaus nimmt, als eines der Kinder auf sie zugeht. Auf anderen Fotos sind es gleich vier Nager, die von einem Mädchen gefüttert werden, und man sieht eine weibliche Nacktstatue, die ihre Hände erhoben hat, als würde sie uns etwas mitteilen wollen – dass nämlich ihr ein kleines Felltier, das in Richtung Gebüsch läuft. »Es war schwerer, ein Bild ohne als eines mit Ratte zu machen«, erzählt Francolon. Eines seiner Lieblingsbilder ist eine Gruppe Touristen, die sich auf der Wiese zu einem Nickerchen hingelegt haben. Zwischen ihnen laufen Ratten umher, und eine von ihnen schnuppert am Ohr eines Schlafenden, als ob sie ihm einen süßen Traum hineinsäuseln wollte. Stillleben mit Nagetier.

Wobei der Begriff »Nagetier« eigentlich überholt ist. Wanderratten gehören zwar zur Familie der Langschwanzmäuse, was sie als Verwandte von Bibern, Eichhörnchen und Hamstern ausweist, doch im Alltag sind sie schon längst Allesfresser. Veterinärmediziner haben in den letzten Jahren mehrfach die Mägen der Tiere untersucht, und dabei hat man neben nagertypischem Getreide auch Früchte, Gemüse und Gräser sowie Käse, Fleisch und Fisch gefunden. Etwa jede zehnte Ratte steht sogar fast ausschließlich auf tierische Produkte, bei ihr kommt Müsli nur auf den Tisch, wenn es wirklich nichts anderes gibt.

Es ist daher kein Wunder, dass Rattus norvegicus die Gärten um den Louvre so attraktiv findet. Dort kann er sich nicht nur aus einem unübersehbaren Fundus von Lebensmittelresten bedienen, den die Imbissbuden und Picknickgruppen zurücklassen. Oft werden die Tiere sogar gefüttert. Denn seitdem 2007 der Film »Ratatouille« in den Kinos lief, gelten Ratten bei vielen nicht mehr als Krankheiten bringende Widerlinge, sondern als niedliche Zwerge, so ähnlich wie Micky Maus oder Speedy Gonzales. »Früher hüpften die Kids auf Bänke, wenn sie eine Ratte sahen«, erzählt einer der Kammerjäger, die um den Louvre auf Patrouille laufen. »Jetzt werfen sie ihnen Kartoffelchips und Popcorn zu.« Der Mann schätzt, dass mittlerweile auf jeden Pariser Einwohner etwa zwei Ratten kommen. »Früher rückten wir im Sommer nur einmal alle zwei Monate an, jetzt alle zwei Wochen einmal«, berichtet er. Man habe den Eindruck, die Tiere kämen aus allen Löchern. Und das sogar am helllichten Tage, wo doch jeder wüsste, dass Ratten das normalerweise nicht so gerne tun. Ob denn in Anbetracht dieser offensichtlichen Plage die Einfangaktion von ihm und seinen Kollegen überhaupt eine Erfolgsaussicht habe? Der Mann zuckt mit den Schultern und geht weiter. Warum sollte er auch darauf antworten? Denn die Ratten geben ihm etwas, das in Paris viele Menschen nicht mehr kennen: einen sicheren Job.

Unsichtbar und unbesiegbar

Wenn wir eine Antwort auf die Frage suchen, ob sich der Siegeszug der Ratte noch aufhalten lässt, dann lautet sie vermutlich: wohl eher nicht. Und das liegt einerseits daran, dass sie extrem klug, anpassungsfähig und solidarisch ist, und andererseits daran, dass der Mensch ihr in die Karten spielt. Dabei feierten Ungezieferexperten vor zwei Jahrzehnten, dass die Hausratte auf dem Rückzug sei, und seit 2009 steht sie in Deutschland sogar auf der Liste der vom Aussterben bedrohten Arten. Doch hierbei handelt es sich ja auch um Rattus rattus, jenen putzigen Nager, der es mit seinen großen Knopfaugen und Löffelohren zu Ratatouille-Ehren gebracht hat. Doch die eigentliche Gefahr geht von einer anderen Spezies aus: der Wanderratte – Rattus norvegicus. Niemand weiß, warum ihr der englische Naturforscher John Berkenhout 1769 diesen Namen gab, denn mit Norwegen hat sie ungefähr soviel zu tun wie mit einem Schmusetier. Mit ihren kleinen Augen und Ohren, dafür aber mit kantigem Schädel, Überbiss, spitzer Schnauze und dickem, wie aufgequollen wirkendem Hinterleib bedient sie weniger das Kindchen-Schema als das Gruselkabinett. Kurz: Die Wanderratte ist nach menschlichen Maßstäben keine Schönheit. Aber die braucht man ja auch nicht unbedingt zur Weltherrschaft.

Ihr Siegeszug begann weit weg von Norwegen in China und der Mongolei. Von dort ging es, wie jetzt ein Team um Emily Puckett von der Fortham University in New York herausgefunden hat, relativ zügig nach Afrika, Amerika und Vorderasien. Fast immer mit dem Schiff und fast immer unauffällig. »Im Unterschied zur Hausratte lebt die Wanderratte nicht gerne in der unmittelbaren Nähe zum Menschen«, erklärt Puckett. »Einzelne Tiere gerieten wohl eher zufällig auf Schiffe und erreichten so neue Gegenden.« Der Mensch war den Ratten also zunächst suspekt, sie interessierten sich nur für seine Vorräte. Vermutlich deshalb dauerte es auch recht lange, bis sie nach Europa kamen. Genetikerin Puckett vermutet, dass die Gegend oberhalb der Alpen erst im 16. Jahrhundert von ihnen besiedelt wurde. »Zu dieser Zeit waren die Hausratten als typische Kulturfolger des Menschen schon lange dort«, so Puckett. Als dann aber Norvegicus kam, gerieten sie immer mehr in die Defensive. Denn der Mensch produzierte nicht nur immer mehr Lebensmittel und Abfälle, was ja allen Ratten entgegenkam. Er legte auch unterirdische Kanäle zum Entsorgen seiner Fäkalien an – und davon profitierten in erster Linie die schüchternen Wanderratten, weil sie dort unsichtbar und trotzdem nahe an den Lebensmitteln des Menschen bleiben konnten. Ganz zu schweigen davon, dass ihnen dort unten keine Eule, kein Marder und kein Habicht etwas anhaben konnte. Katzen könnten zwar in die unterirdischen Rohre kommen, aber sie gehen bekanntlich nicht gerne dorthin, wo es stinkt und nass ist.

Den Wanderratten hingegen macht das nichts aus. Sie sind zwar keine guten Schwimmer, aber sie wissen, wie man in Dunkelheit klar kommt. Und wie man sich Essensreste aus der Kanalkloake holt, ohne hineinzufallen. Nämlich indem man den bis zu fünfundzwanzig Zentimeter langen Schwanz hineinhält und sich auf dem Wasser treibende Essensreste angelt. Dabei sind die Tiere clever genug, die geangelten Speisen nicht direkt zu verspeisen, sondern eine nach der anderen herauszuholen, bevor sie mit der Strömung verloren geht. Sofern dabei viele Mahlzeiten eingesammelt werden, werden die auch schon mal in einer trockenen Vorratskammer gelagert, aus der sich dann nicht nur die Angler selbst, sondern auch die anderen Mitglieder der Horde bedienen können. Denn Ratten sind, wie japanische Forscher jetzt herausgefunden haben, solidarisch. Und sie sind es – im Unterschied zu vielen Menschen – sogar dann, wenn sie keinen persönlichen Nutzen davon haben.

Zum Nachweis dieses altruistischen Verhaltens wählte das Forscherteam der Kwansei Gakuin University in Nishinomiya allerdings eine Methode, die sich nicht gerade mit dem Tierschutz verträgt. Man setzte für jeden Versuchsdurchgang eine Ratte in ein Wasserbecken, was diese Tiere schon bald unter starken Stress setzte, da sie keine guten Schwimmer sind. Nebenan wurde eine andere Ratte in einen trockenen Käfig gesetzt, von dem aus es eine Tür zu dem Wasserbecken gab. Die konnte allerdings nur von dem Tier im Trockenen geöffnet werden, der gestresste Schwimmer war also auf die Hilfe seines Artgenossen angewiesen.

In den ersten Minuten des Experiments tat sich noch nicht viel. Die eine Ratte schwamm, und die andere schaute ihr zu, als würde sie sich darüber wundern, dass jemand aus ihrer Art so blöd sein kann, ins Wasser zu gehen. Nach einer Weile jedoch zeigte der Schwimmer deutliche Stressreaktionen: Er wurde unruhig und fiepte. Die Ratte im Trocknen bemerkte das und versuchte sofort, die Tür zum Käfig zu öffnen. Und das klappte umso schneller, wenn sie selbst schon mal unangenehme Erfahrung im Wasser gesammelt hatte. »Dies spricht für ihr empathisches Verständnis«, betont Studienleiter Nobuya Sato. Denn die helfende Ratte handelte dann nach dem Muster: Ich weiß, wie schlecht es dir geht, und deswegen strenge ich mich besonders an, um dich zu retten.

Aber Sato reichte dieser Befund noch nicht. Denn letzten Endes war es immer noch denkbar, dass die Trockenratte dem Schwimmer nicht aus altruistischen Motiven geholfen hatte, sondern nur, weil sie gerade nichts anderes zu tun hatte oder einfach nur ihre Ruhe vor dem nervtötenden Gefiepe aus dem Becken haben wollte. Also setzte der japanische Verhaltensforscher noch einen drauf. Er legte neben den Käfig der Trockenratte ein Stück Schokolade, zu dem es ebenfalls eine Tür gab. Der Nager musste sich also entscheiden: Helfe ich erst meinem Kumpel, oder aber sichere ich mir die Leckerei, bevor ich ihm helfe? Und süße Vollmilchschokolade ist wirklich etwas, was Ratten lieben ...

Doch etwas mehr als die Hälfte der Tiere aus dem Trockenraum entschied sich dafür, dem Kumpel in Not die Tür zu öffnen. »Sie hätten zuerst die ganze Schokolade allein fressen können«, betont US-Forscherin Peggy

Mason in einem Kommentar zu der japanischen Studie. »Doch sie öffneten lieber zuerst die Käfigtür zum Wasserbecken und teilten sich dann die begehrte Süßigkeit mit der Ratte, die sie freigelassen hatten.« Und es waren knapp mehr als die Hälfte der Versuchstiere, die so handelten. Was für Neurobiologin Mason ein deutlicher Hinweis darauf ist, »dass für Ratten die Befreiung eines Gefährten mindestens auf einer Stufe mit Nahrung steht, die wiederum auf der Prioritätenliste der Tiere ganz weit oben steht«. Und das kann man für den Menschen nicht unbedingt behaupten. Bei ihm haben mittlerweile Psychologen keinen Zweifel mehr, dass seine Neigung zur Hilfeleistung wesentlich von dem konkreten Vorteil abhängt, den er davon hat. Verführerische Nahrung wie etwa Schokolade oder ein Glas Rotwein würde ihn zwar nicht unbedingt davon abhalten, einem Mitmenschen aus seiner Verlegenheit zu helfen. Doch was wäre, wenn er sich stattdessen ein nagelneues Smartphone sichern könnte? Oder einen Sprung auf der Karriereleiter? Da müsste der andere Mensch schon in echter Lebensgefahr sein, um dieser Verführung zu widerstehen.

Kluge Kollektive mit Spaß am Sex

Ratten helfen sich nicht nur in Not, sondern auch in ihren Alltagsangelegenheiten. Im Teamwork erreichen sie oft ein Niveau, das in der Natur seinesgleichen sucht

und den Menschen staunen lässt. Wie etwa in Greenwich Village, dem Künstler- und Szeneviertel von Man-
hattan. Dort stellten die Mitarbeiter eines Geflügelmark-
tes fest, dass ihnen immer wieder Hühnereier geklaut
wurden. Ein Fuchs kam dafür genauso wenig in Frage
wie ein Marder, denn die hinterlassen bei Einbrüchen
normalerweise deutlich sichtbare Spuren. Eine Zeit lang
verdächtigte man die Mitarbeiter, aber man fand dafür
noch nicht einmal Indizien. Also fiel der Verdacht schließlich auf Ratten, von denen man wusste, dass sie in dem
Markt ihre Zelte aufgeschlagen hatten. Man befragte
dazu einen erfahrenen Kammerjäger, der jedoch zu verstehen gab, dass die Nager mit ihren kleinen Füßchen
unmöglich ein Ei unversehrt aus den Hallen bringen
könnten. Die Tiere hätten zwar die dazu notwendige Intelligenz, so der Rattenexperte, aber sie hätten nun mal
keine Hände zum sicheren Ergreifen der Eier. Und dass
sie vor Ort aufgeschlagen wurden, konnte man auch
ausschließen, denn es waren nirgendwo Schalen oder
andere Essensreste zu sehen. Ergo, so das Resümee des
Fachmanns: Ratten sind diesmal ausnahmsweise nicht
die Lebensmittelräuber.

Doch seine Einschätzung sollte sich als Irrtum her-
ausstellen. Der Geflügelmarkt postierte nachts einige
Mitarbeiter in seinen Hallen als Wachtposten. Zunächst
blieb alles ruhig, doch nach einigen Tagen beobachteten
sie, wie ein Rattentrupp durch die Hallen schlich. Er ging
zielsicher zu den Eiern und teilte sich dann zu Paaren

auf, deren Mitglieder sich wiederum die Arbeit teilten. Einer von ihnen schnappte sich mit allen vier Pfoten ein Ei und legte sich damit auf den Rücken – und dann wurde er von seinem Gefährten am Schwanz zu einem Loch gezogen, wo schließlich beide verschwanden. Inklusive Ei wohlgemerkt. Die Besitzer des Marktes veranlassten daraufhin den Großeinsatz von Kammerjägern, nach dem beliebten Grundsatz: Gegen Intelligenz hilft am Ende immer noch Gift. Doch es half in diesem Falle nicht. Am Ende hüpften die Ratten aus den Schubladen der Sekretärinnen, wenn sie ihr Büro betraten – und der Geflügelmarkt wurde geschlossen. In Greenwich Village spricht man noch heute davon, und das Ereignis datiert immerhin vom Jahr 1944.

Zum unvergänglichen Anekdotenschatz New Yorks gehört auch die Rattenplage, die zwischen 1915 und den späten 1930ern Rikers Island erfasste, eine Insel im East River, vor den Toren der Millionenmetropole. Sie kam 1884 in den Besitz der Stadt, um fortan als Müllkippe für Metalle und Schlacken genutzt zu werden. Und als Gefängnisinsel. Nur wenige Jahre später jedoch eskalierten die Abfallprobleme in New York, so dass man Rikers Island kurzerhand zur Universalmüllhalde erklärte, es kamen also auch noch andere, essbare Abfälle hinzu. Auf diese Weise glaubte man, auch die allmählich überhandnehmenden Ratten der Stadt reduzieren zu können. Dass auf diese Weise die Insel – allein durch die gigantischen Müllmengen – immer größer wurde und es bestialisch auf der Insel zu stinken begann, nahm man dabei in Kauf.

Die Stadtratten merkten jedoch, dass man ihnen den Müll klaute. Also folgten sie ihm auf die Schiffe, die ihn auf Rikers Island brachten. Dort entdeckten sie neben dem Müll auch noch andere Nahrungsreservoirs wie etwa die Obst- und Gemüsegärten des Gefängnisses. Und die Schweine, die man dort hielt. Die Gefängnisleitung reagierte mit der Anschaffung von Hunden, mit der Folge, dass die Ratten auch Hunde auf ihren Speiseplan setzten. Und wenn die Gefangenen oder die Wärter ihnen zu nahe kamen, wurden sie weggebissen; wobei man nicht vergessen sollte, dass eine Ratte problemlos im Innern eines Hosenbeins hinauflaufen und zu den Weichteilen eines Mannes gelangen kann. Oder aber bis zu einem Meter hoch zu springen vermag, was ja auch der Höhe dieser empfindlichen Organe entspricht.

Die Stadtverwaltung ließ auf Rikers Island tonnenweise Gift verteilen – ohne Erfolg. Denn wenn plötzlich viele Ratten durch Gift versterben, sorgen die Überlebenden dafür, dass diese Lücken sofort durch Nachwuchs aufgefüllt werden. Und dafür brauchen sie noch nicht einmal viel Zeit, denn ihre Fortpflanzungsquoten sind auch ohne diese äußeren Reize enorm. Die Männchen versuchen ständig, mit einem empfängnisbereiten Weibchen zu kopulieren, und das praktisch das gesamte Jahr. Die Tragzeit beträgt 22 bis 24 Tage, dann kommen bis zu acht Jungen zu Welt. Drei Mal pro Jahr – und wenn sich der Bestand akut dezimiert, kann diese Quote auch aufs Doppelte hochgehen. Eine Rättin kann es mit Kindern und Kindeskindern durchaus auf fünfhundert Nachkommen jährlich bringen. Da macht es auch nichts aus, dass sie in fünfundneunzig Prozent der Fälle nicht älter als ein Jahr alt wird. Im Gegenteil: Schnelle Generationswechsel erhöhen die genetische Flexibilität, weil ja in kurzen Abständen neue Versuchsmodelle in die Welt geschickt werden. Für die Anpassung an die Umwelt, zu der auch die Gifte gehören, ist das ein unschätzbarer Vorteil. Natürlich kann die Rättin ihre enormen Fortpflanzungsleistung nur stemmen, wenn sie viel frisst. Doch auch das bedeutet oft im Endeffekt, dass sich eine Rattenplage durch den Gifteinsatz verschlimmert und lästiger für den Menschen wird. Denn die Tiere versuchen ihre Verluste nicht nur zahlenmäßig auszugleichen – sie werden auch hungriger und entwickeln noch mehr Kreativität und Risikofreude beim Beschaffen von Nahrung.

So geschehen auch auf Rikers Island. Anfang der 1930er wurde es so ernst, dass sich die Ratten selbst von sich gestört fühlten. Ein Teil von ihnen zog daher nach Long Island, wo schon damals betuchte Feriengäste wohnten. Dort fackelte man nicht lange – und griff zu einem Kampfgas, das sich schon in Kriegen bewährt hatte. Die Ratten freilich blieben unbeeindruckt, nur einige der zweibeinigen Long-Island-Bürger wurden krank. Am Ende allerdings erledigte sich das Problem von allein, weil die Tiere auf der schicken, mit reibungsloser Müllabfuhr ausgestatteten Insel dann doch nicht die Nahrung fanden, die sie sich erhofft hatten.

Auf Rikers Island dagegen ging die Rattengeschichte in die nächste Runde. Man holte ein erfahrenes Kammerjäger-Kommando, das sofort damit begann, fünfundzwanzigtausend Köderfallen aufzustellen. Mit der Hoffnung, dass dadurch die Tötungsquote die gesteigerte Nachwuchsquote der Tiere übertreffen würde. Es klappte. Allerdings nur für eine Weile. Denn das Gefängnis von Rikers Island muss bis heute immer wieder Rattenfallen aufstellen. Dabei muss man ständig die Substanzen wechseln, weil die Tiere sich an die Gifte gewöhnen und resistent werden. Auf der früher mal so beschaulichen Insel vor New York herrscht also immer noch keine Ruhe. Und wenn, dann allenfalls bei den Ratten, nicht aber bei ihren Jägern. Im Frühling 2015 wurden neunzehn Gefängnisinsassen ins Krankenhaus eingeliefert, weil sie mit ihrem Essen große Mengen eines Blutverdünners verzehrt hatten, der eigentlich für die Ratten gedacht war. Da hatte wohl jemand den Überblick verloren.

Gift bringt nur noch mehr Ratten

»Der Einsatz von Giften bringt Rattenplagen nur selten unter Kontrolle. Tatsächlich verdoppeln die Tiere, wenn viele von ihnen getötet werden, ihre Fortpflanzungsquote. Und die Überlebenden fressen mehr und legen Gewicht zu, sie werden stärker und halten mehr aus. Eigentlich schafft jede Vergiftungsaktion nur mehr Platz für noch mehr Ratten.« So schrieb es 1952 Biologe David Davis von der John Hopkins University in einer seiner zahlreichen Publikationen. Er gilt als Begründer der modernen Rattenforschung, ein Fachgebiet, an das sich bis heute nur wenige Wissenschaftler heranwagen, obwohl man mit den Tieren weltweit millionenfach Laborversuche durchführt. Doch Davis war im zweiten Weltkrieg behördlich zum Experten befördert worden, weil die US-Regierung Angst hatte, dass die Deutschen aufgrund ihrer drohenden Niederlage auf die Idee kommen könnten, ganz Europa mit kontaminierten Ratten zu verseuchen. Diese Befürchtung stellte sich als genauso unbegründet heraus wie die Angst, dass Hitler den Einsatz der Atombombe planen würde. Aber Davis blieb im Amt, und er nahm seine Forschungsarbeit so ernst, dass seine Erkenntnisse zu den Ratten größtenteils bis heute Bestand haben. Beachtet allerdings werden sie nicht sonderlich. Denn weltweit setzen immer noch fast alle rattengeplagten Städte und Länder auf massive Gifteinsätze. Mit der Folge, dass sich das Problem, wie Davis es schon erkannte, eigentlich nur verschärft.

Außerdem schätzen viele Menschen die Logik der Ratten falsch ein. »Viele glauben, dass Ratten die typischen Wegbegleiter der Armut wären«, warnt Davis. »Doch tatsächlich fühlen sie sich dort am wohlsten, wo es auch dem Menschen gut geht, weil dort am meisten für sie abfällt.« Oder wie es der US-amerikanische Schriftsteller Bill Bryson ausdrückte: »Ratten sind nicht blöd. Sie ziehen ein begütertes Heim einem armen alle Male vor.« Weswegen man gerade in Wohlstandsmetropolen große Heerscharen von ihnen antrifft. Wie etwa in den US-Metropolen Detroit, Orlando, Chicago und Atlanta. Die Tiere haben sich dort darauf spezialisiert, über die Abflussrohre hinauf in Hochhauswohnungen vorzudringen. Was nichts anderes heißt, dass sie dort nachts aus dem Klo hüpfen und nach Essensresten suchen. Und wenn sie nichts finden, knabbern sie die schlafenden Menschen an. Bevorzugt Kinder, weil die nicht so schnell aufwachen. In den 1970ern starben in Chicago einige hundert Kinder durch Rattenattacken, wobei man allerdings sagen muss, dass die Opfer damals durch Krankheit und Unterernährung geschwächt waren. Die pulsierende Stadt am Michigansee steckte in einer Wirtschaftskrise, so dass viele Menschen ins Elend abrutschten und sich die wohlstandgepäppelten Ratten nach neuen Nahrungsressourcen umsehen mussten.

Die Atlanta-Ratten haben sich hingegen die Hallen und Flugzeuge des Airports als Betätigungsfeld ausgesucht. Einmal inspizierten die Gesundheitsbehörden eine Maschine der Delta Air Lines: Die ganze Passagierkabine war voller Rattenexkremente und Essensreste. Einer der Beteiligten berichtete später, dass man glauben konnte, dass dort zuvor eine Orgie stattgefunden hätte.

In Deutschland werden Ratten zwar von Behörden-
seite konsequent ignoriert, doch tatsächlich sind Großstädte wie Berlin, Hamburg und Frankfurt schon längst
in Rattenhand. Sie verbreiten sich vor allem dann, wenn
gebaut wird und dabei Boden- und Kanalarbeiten durchgeführt werden. Und was die Nahrung betrifft, profitieren sie paradoxerweise von der deutschen Reinlichkeit.
Die hat nämlich im Zuge der Mülltrennung dazu geführt,
dass regelmäßig gelbe Säcke mit Plastikmüll auf den
Straßen landen. Meistens werden sie schon abends hin-
ausgestellt, damit sie die Müllabfuhr morgens abholen
kann. Doch die kann dann oft nur noch zerfledderte
Müllsäcke einsammeln, weil sich die Ratten nachts darüber hergemacht haben, um sich an Bechern mit Joghurt-
resten oder aufgerissenen Paella-Tüten zu bedienen. Und
wenn das nicht reicht, kommen die Haustiere dran. In
Frankfurts Stadtteil Oberrad klagen Brieftaubenbesitzer
immer wieder über tote Vögel in ihren Volieren. Einige
fluteten schon die Rattenlöcher mit Wasser oder Kräuter-
elixier, andere pflanzten Brennnesseln in der Hoffnung,
dass die Nagerhorde sich von deren Gift beeindrucken
ließe. Doch nichts davon half. Das Einzige, was hilft: den
Boden der Voliere mit Beton abdichten. Doch das können
sich nur die wenigsten Taubenzüchter leisten.

In Berlin hat wohl schon jeder eine Ratte durch die
Straßen, den U-Bahn-Schacht oder die Parkanlagen hu-
schen sehen. Gerüchte, wonach es dort von ihnen schon
doppelt so viele wie Menschen gibt, sind zwar übertrie-

ben. »Doch es sind viele«, weiß Mikrobiologe Sebastian Günther von der FU Berlin. Wie viele genau, wisse allerdings niemand, denn die Tiere entziehen sich ihrer Zählung. Sobald eine in eine Falle tappt, meiden ihre Artgenossen diesen Ort mehrere Wochen lang. »Es ist alles andere als einfach, an sie heranzukommen«, erklärt Günther.

The Isle of Rats

Wie es Ratten gelingen kann, gleich eine ganze Insel zu kontrollieren, zeigt das Beispiel von Henderson Island, einem knapp vierzig Quadratkilometer großen Atoll im südöstlichen Pazifik. Dort gab es bis vor achthundert Jahren überhaupt keine Säugetiere, also auch keine Ratten. Doch dann wurde die Insel von Polynesiern besiedelt. Mit ihnen kamen die Ratten, und auf der kleinen Insel hatten sie keine Feinde. Von harmlosen Vögeln wie der Henderson-Fruchttaube oder dem Tuamotu-Sumpfhuhn hatten sie nichts zu befürchten, und der dort heimische Skink ist zwar ein Raubtier, doch körperlich nicht viel größer als eine Ratte.

Die Folge: Der Rattenbestand explodierte. Und der Vogelbestand der Insel – einschließlich einiger Arten, die nur dort und nirgendwo anders leben! – knickte ein. Von ursprünglich fünf Millionen Paaren auf klägliche vierzigtausend. Die Insel wurde immer mal wieder von Menschen bewohnt, und jedes Mal scheiterten sie bei dem

Versuch, die Rattenplage in den Griff zu bekommen. Bis zur letzten Jahrtausendwende wagten sich nur noch einige Holzsammler der benachbarten Pitcairn-Insel auf das abgelegene Atoll, doch als dann immer mehr neugierige Nager zwischen ihren Beinen herumwuselten, hörten auch diese Aktionen auf. Das Einzige, was sich noch über die Strömung dorthin verirrte, war tonnenweise Müll. Er vermittelte den Ratten endgültig den Eindruck, dass sie ihr Paradies gefunden hatten.

2011 begann ein Forscherteam der britischen *Royal Society fort the protection of birds*, sich mit dem Problem zu beschäftigen. Dort kam man nach rciflicher Überlegung zu dem Schluss, dass man es mit einer Methode versuchen wollte, die bisher schon oft gescheitert war: mit Rattengift. Nur, dass man es diesmal in anderen Dimensionen einsetzen wollte. Insgesamt fünfundsiebzig Tonnen, also zehn Lastwagenladungen präparierter Köder wurden verteilt. Wohlgemerkt auf einem Eiland, das gerade mal ein Zehntel der Fläche Andorras hat. Immerhin: Einen Monat später schienen die Plagegeister tatsächlich verschwunden zu sein. Doch als man ein Jahr danach noch einmal nachschaute, war alles wie gehabt. Überall piepte und wuselte es, die Insel war wieder in Rattenhand – und sie ist es bis heute.

Kürzlich schifften sich Wissenschaftler der University of Cambridge auf Henderson Island ein, um nach einer Erklärung für das Bekämpfungsfiasko zu fahnden. Man sackte ein paar Dutzend der Nager ein und brachte sie ins Labor. Man untersuchte Blut, Gewebe und Erbgut der Tiere, verglich es mit denen von Ratten, die auf anderen Inseln wohnten, und mit den Proben von Henderson-Exemplaren, die vor der Giftattacke auf der Insel gelebt hatten. Die Ergebnisse all dieser Messungen und Analysen legen eindrucksvoll Zeugnis davon ab, wie Ratten selbst verheerendste Krisen meistern und sich zu wehren wissen. »Ihr Überleben hing auf Henderson Island nur noch an einem seidenen Faden, sozusagen an einem einzigen Schnurhaar«, so das Resümee von Studienleiter William Amos. »Doch sie kehrten wieder zu alter Stärke zurück.«

Die englischen Forscher können mittlerweile lückenlos dokumentieren, was sich abspielte, nachdem man die vergifteten Köder auf der Insel abgeworfen hatte. Dass nämlich zunächst ein Massensterben einsetzte. Gerade mal fünfzig Ratten überlebten, und sie bildeten die Gründungspopulation der heutigen Rattenplage. Wie diese Tiere allerdings überlebten, bleibt ein Rätsel. Eine Resistenz gegenüber dem Gift hatten sie nicht aufgebaut. Was nichts anderes heißen kann, als dass sie das vergiftete Futter schlichtweg nicht gefressen hatten. Doch warum hatten sie es nicht getan? Tausende ihrer Artgenossen hatten der Verführung nicht widerstehen können und starben einen qualvollen Tod. Nur die versprengten fünfzig weigerten sich, dem nachzueifern. Etwa, weil sie durch die vielen Todeskämpfe um sie herum begriffen hatten, dass man keinesfalls von den Ködern fressen durfte? Dies würde bedeuten, dass es sich bei ihnen um eine Intelligenz-Elite handelte, die einen kausalen Zusammenhang zwischen Fressen und Sterben herstellen konnte. Ein Zusammenhang, den, wenn man die weltweit grassierende Fettleibigkeit betrachtet, selbst viele Menschen nicht verstehen.

Amos bevorzugt daher eher eine schlichte Erklärung für das Überleben der fünfzig letzten Rattikaner. »Vermutlich hatten sie auf dem Eiland genug anderes Futter, so dass sie die Köder ignorieren konnten.« Der britische Zoologe liegt damit auf einer Linie mit anderen Experten, die den Königsweg im Kampf gegen die Ratten darin sehen, ihnen die Futterquellen zu entziehen und vor allem den Müll in den Straßen und Kanälen zu beseitigen. Am wahrscheinlichsten ist aber wohl eine Kombination aus beidem, die eine Ratte zum Survival-Künstler macht: das reichhaltige, vor allem durch den Menschen unterbreitete Futterangebot *und* der zu kausalen Schlüssen fähige Intellekt, mit dem sie ausgestattet ist. Denn den konnte sie auch schon im Labor unter Beweis stellen.

Wie etwa in den Labors der Universität in Göttingen. Dort bot man den Nagern zunächst einen Lichtreiz an, auf den regelmäßig ein Ton und Futter folgten. Dann wurde ihnen der Ton allein vorgespielt. Die Tiere erwarteten daraufhin wieder Futter an derselben Stelle, wo sie es zuvor erhalten hatten. Das hat noch nichts mit kausalem Denken zu tun, sondern geht eher in die Richtung des Pawlowschen Hundes, dem bekanntlich immer dann der Speichel floss, wenn eine Glocke ertönte, deren Ton sonst nur in Zusammenhang mit Futter zu hören war. Ratten jedoch – daran lässt Studienleiter Michael Waldmann keinen Zweifel – können weitaus mehr.

Sein Forscherteam stellte den Nagern einen ihnen unbekannten Hebel in den Käfig. Die neugierigen Tiere machten sich schon bald an ihm zu schaffen, und wenn sie ihn dabei herunterdrückten, erklang wieder der – ihnen vom ersten Testlauf bekannte – Ton. Die Assoziationstheoretiker im Sinne Pawlos würden nun vorhersagen, dass die Tiere wieder nach Futter suchen würden. Taten sie aber nicht, sie blieben völlig gelassen. »Denn sie hatten den korrekten Schluss gezogen, dass sie selbst Ursache des Tons waren und nicht das Licht«, so Waldmann. Was bedeutet, dass sie kausal denken können. »Wir Menschen sind offenbar nicht die Einzigen, die das können«, so der Göttinger Psychologe.

Multiresistenz aus dem Klo

Es scheint also müßig, Rattenplagen mit Hilfe traditioneller Methoden wie Gift und noch mehr Gift unter Kontrolle bringen zu wollen. Doch was ist eigentlich daran so schlimm? Wäre es für uns wirklich von Nachteil, wenn wir einfach den Ratten den Untergrund überlassen würden? Nach dem Muster: Ihr seid da, wir sind hier, und so leben wir nebenher, ohne uns umeinander zu kümmern?

Die Antwort lautet leider: Das Leben der Ratten und das unsrige sind so ineinander verzahnt, dass wir gar nicht mehr unbehelligt voneinander leben können. Gerade als Reservoir für gefährliche, humanpathogene Bakterien haben die Nager schon jetzt eine Bedeutung, die nichts Gutes erwarten lässt.

Dass die Ratte gefährliche Erreger übertragen können, ist spätestens seit den Zeiten der Pest bekannt. Wobei sie auch Leptospiren (führen zu Leber- und Nierenversagen) und Salmonellen sowie Hanta- und Hepatitis-Viren übertragen kann. Und Borreliose! Denn Zeckenlarven lieben die feinen, bestens durchbluteten Rattenohren. »Wenn in einem Zeckengebiet viele Ratten leben, steigt auch die Borreliosehäufigkeit beim Menschen«, warnt Michael Faulde von der Laborgruppe Medizinische Zoologie der Bundeswehr in Koblenz. Die Infektion mit Erregern kann nicht nur durch direkte Rattenbisse erfolgen, sondern beispielsweise auch durch eine Katze, die sich an die Wange ihres Halters schmiegt, nachdem sie eine kranke Ratte gefressen hat. Oder dadurch, dass ein Landwirt bei seiner Arbeit im Stall mit Rattenurin in Kontakt kommt. Und wenn jemand in einem städtischen Gewässer schwimmt, ist er ebenfalls gefährdet. Denn dort werden immer wieder Enten mit Brot gefüttert, das auch Ratten anlockt und sie spontan potentiell infizierten Kot abgeben lässt. Wobei man wissen muss, dass sie ständig Kot abgeben. Im Unterschied zum Menschen brauchen sie für ihren Stuhlgang keine Ruhe – sie können das sogar, wenn sie laufen, hüpfen oder rennen. Ihr Kot trocknet, pulverisiert und wird dadurch für Bakterien und Viren zum idealen Transportvehikel, das mit dem Wind übers Land getragen wird. »Wir haben nicht einmal Orientierungsinformationen darüber, bei welchen Infektionen Ratten noch als Überträger im Spiel sind«, gesteht Faulde.

Was sich allerdings in jüngster Zeit abzeichnet: Unter den Rattenerregern sind immer mehr multiresistente Keime, denen kein Antibiotikum mehr etwas anhaben kann. Mikrobiologe Günther hat seit 2008 mehrere hundert Ratten aus den Abwasserkanälen Berlins untersucht – und bei sechzehn Prozent einen multiresistenten Erreger gefunden. In der Nähe von Krankenhäusern waren es sogar mehr als dreißig Prozent. Unter den Keimen waren auch infektiöse »Hochkaräter«. So stieß Günther im Kneipenviertel Prenzlauer Berg auf Ratten mit ST131, einem multiresistenten Escherichia-coli-Stamm, der schon die Bevölkerung ganzer Landstriche mit schwerem Durchfall aufs Klo gezwungen hat.

»Wahrscheinlich werden die Tiere direkt aus den Krankenhausabwässern infiziert«, vermutet Günther. Die Keime werden durch den massiven Antibiotika-Einsatz an den Krankenhäusern trainiert und genetisch auf Multiresistenz getrimmt, und dann wandern sie mit dem Abwasser zu den Kanalratten, in deren Körper sie beste Fortpflanzungsbedingungen finden. »Außerdem können sie dort mit anderen Keimen ihre Resistenzgene tauschen«, so Günther. Mit anderen Worten: Die Escherichia-Stämme nutzen die Ratte als Fortbildungszentrum, um besser für den Kampf gegen Antibiotika gewappnet zu sein. Und wenn sie dann genug »gelernt« haben, geht es über den Kot weiter – bis möglicherweise der Sprung auf den Menschen gelingt. »Da liegt eine große Gefahr, die wir bisher einfach ignorieren«, warnt Günther.

Die Gesundheitsämter gehen in der Regel bislang davon aus, dass alle Keime – egal, ob sie aus Arztpraxen, Krankenhäusern oder Altenheimen stammen – über die Abwässer ins Klärwerk gelangen, wo sie dann eliminiert werden. Ergo gäbe es keine konkrete Bedrohung für den Menschen. Doch Günther hält dies für eine Fehleinschätzung. Erstens, weil die Abflüsse der Kläranlagen nicht unbedingt keimfrei sind. Und zweitens, weil Ratten oft einen Erreger zum Menschen tragen, *bevor* die Kläranlagen überhaupt greifen können. Und dabei werden auch beträchtliche Entfernungen zurückgelegt. Einmal untersuchte Günther eine Ratte, die aus dem Klo einer Wohnung in der Berliner Torstraße geklettert war. Er entdeckte in ihr einen multiresistenten Keim, den man sechs Wochen zuvor in zwei ihrer Artgenossen gefunden hatte, die sich unter der Charité eingenistet hatten. Berliner wissen: Charité und Torstraße liegen etwa siebenhundert Meter voneinander entfernt.

6   Achtung, die Aliens kommen!

Eigentlich war es ja gut gemeint. Die australischen Zuckerrohr-Farmer hatten ihren Berufsverband darauf aufmerksam gemacht, dass ihre Ernte durch eine Käferplage biblischen Ausmaßes bedroht und für die Zukunft das Schlimmste zu befürchten sei. Man erwartete ein energisches Eingreifen, und damit waren im Jahre 1935 vor allem Pflanzenschutzgifte wie etwa das arsenhaltige »Schweinfurter Grün« gemeint. Kaum jemand hätte zur damaligen Zeit ernsthaft etwas dagegen gehabt, ein paar Zentner Insektizide über die Plantagen zu versprühen. Doch dann hörte man davon, dass in Südamerika eine Kröte leben würde, die Käferlarven fresse und deshalb eine echte und vor allem preiswerte Alternative zum Gift sei. Ihr Name: Bufo marinus – die Aga-Kröte. Ein plumper Fleischklops von bis zu zwei Kilogramm, mit breitem Schädel und trockener, warziger Haut, die an den Seiten grün-gelb schimmern kann. Auf anderen Inseln wie Puerto Rico, Hawaii, Barbados und Jamaika hätte man diesen Froschlurch schon erfolgreich gegen die Käferplage ausgesetzt, so das Argument der Kröten-Fürsprecher. Warum sollte das nicht auch auf Australien klappen?

Ganz Australien wird (G)aga

Also holte man sukzessive ein paar Hundert Exemplare von Venezuela nach Australien. Dann wartete man darauf, dass sie auf den Geschmack kommen und sich über die Käferlarven hermachen würden. Was sie aber nicht taten. Denn sie hatten es vorher auf Puerto Rico und den anderen Inseln auch nicht getan. Dort hatten sich zwar die Zuckerrohrplantagen wieder erholt, doch das war dem Wetterumschwung geschuldet gewesen und nicht der Kröte. Die merkte stattdessen in ihrem australischen Exil schon bald, dass sie sich nicht mit dem Bejagen von Käferlarven abmühen musste, von denen ein korpulenter Lurch schon ein paar Dutzend fangen muss, um satt zu werden. Denn es gab genug andere Beute. Wie etwa Mäuse, Kaninchen, Eidechsen und Frösche, die außerdem keine Anstalten zur Flucht machten, weil sie den südamerikanischen Aga-Klops schlichtweg nicht kannten und auf ihrer Feindesliste hatten. Was aber die bewegungsfaulen Kröten am liebsten mochten: einfach unter Straßenlaternen zu sitzen und darauf zu warten, bis dort Insekten herunterfielen, die sich an den Lampen verglüht hatten.

Der Immigrant schmähte also die ihm zugedachten Käferlarven und bediente sich stattdessen aus anderen Nahrungsquellen. Niemand hinderte oder störte ihn dabei. Denn größere Raubtiere gibt es in Australien nicht, und wenn sich andere Beutejäger an der Kröte versuchten, aktivierte diese kurzerhand ihre Giftdrüsen auf dem

Rücken und hinter den Ohren. Was dort herausspritzt, kann man getrost als K. o.-Tropfen bezeichnen: Es enthält neben Reizgiften auch halluzinogene Drogen wie Dimethyltryptamin und aufputschende Hormone wie Adrenalin und Noradrenalin. Wer das abbekommt, erlebt Angstphantasien und ist akut infarktgefährdet. Alljährlich sterben in Australien hundertfach Katzen und Hunde, die fälschlicherweise gedachten haben, mit der plump-unförmigen Kröte einen leichten Fang machen zu können. Selbst Krokodile nehmen mittlerweile Reißaus, wenn sie das an einen Motor erinnernde Aga-Gurgeln hören. Bei einigen Schlangenarten hat die Evolution für eine Verkleinerung des Kiefers gesorgt, damit sie gar nicht mehr auf die Idee kommen, sich an den Dicken zu vergreifen. Aber das Gros der Reptilien macht immer noch Jagd auf die Kröte. Mit der Folge, dass es in Australien immer weniger Schlangen und Krokodile gibt.

Wie es im Land der Kängurus überhaupt nur sehr wenige Raubtiere gibt, die dem Zuwanderer gewachsen sind. Eines davon ist der Milan. Der ebenso elegante wie intelligente Raubvogel hat kapiert, wo die Drüsen der Kröte sitzen – und packt sie deshalb weit unten an den Flanken, wenn er sie ergreift. Aber es gibt zu wenige Milane, als dass sie den Krötenbestand ernsthaft eindämmen könnten.

Denn ein einzelnes Aga-Kröten-Weibchen kann zweimal jährlich bis zu fünfunddreißigtausend Eier ablegen, und das bei einer durchschnittlichen Lebenserwartung von bis zu fünfzehn Jahren. Okay, von diesen Eiern schafft es etwa nur ein Prozent zum erwachsenen Tier, aber das wären dann immer noch rund zehntausend pro Weibchen. Ganz zu schweigen davon, dass die Kröten infolge des reichhaltigen Futterangebots auch körperlich zugelegt haben. Ihre Beine sind deutlich länger und muskulöser geworden, weswegen sie fünf Mal schneller laufen können als vor siebzig Jahren, zu Beginn ihrer australischen Exkursion.

Es ist daher nicht verwunderlich, dass sie dabei sind, das Zepter in der Ex-Kolonie des englischen Königreichs zu übernehmen. Die Nordostküste ist schon komplett unter ihrer Kontrolle, und sie sind dabei, ihr Territorium energisch nach Westen auszuweiten. Mittlerweile ist ihr Heer auf über zweihundert Millionen angewachsen. Ein amerikanisch-australisches Forscherteam hat ausgerechnet, dass es demnächst nicht nur die Küsten, sondern auch das Landesinnere erobert haben wird. »Die eigentlich aus dem südamerikanischen Dschungel stammenden Kröten passen sich dem australischen Lebensraum immer besser an«, erklärt Studienleiter Mark Urban von der Yale University in New Haven. »Auch Trockengebiete sind für sie nicht mehr unbedingt ein Problem, sofern nur ein paar Tümpel in Reichweite sind.« Wenn sie es schon ohne sonderliche Anpassung auf zweihundert Millionen gebracht haben – wie viele werden es dann erst sein, wenn sie sich endgültig mit den Lebensbedingungen in Australien arrangiert haben?

Geld ins Maul

Die Menschen im Nordosten Australiens merken derweil schon jetzt, wie es um sie herum immer krötiger wird. Die Tiere bevölkern Gärten, Kinderspielplätze, Parks und Golfanlagen, hüpfen auch schon mal durchs Küchenfenster, wenn es von dort lecker riecht. »Die Tiere sind quasi omnipräsent«, konstatiert Richard Shine von der University of Sydney. Der Evolutionsbiologe ist Leiter der wissenschaftlichen Arbeitsgruppe Team bufo, die mit Hilfe öffentlicher Gelder das Kröten-Problem lösen soll. Denn das ist dringend nötig. Nicht nur, weil die Kröte aus dem Ruder läuft, sondern auch, weil die Bevölkerung wegen der Kröte aus dem Ruder läuft.

Denn die Australier haben mittlerweile einen richtigen Hass aufgebaut. Sie organisieren sich zu Banden, die mit Kricketschlägern losziehen und auf Kröten eindreschen. Andere schießen mit Luftgewehren oder gleich mit richtigen Pistolen und Gewehren auf die Plagegeister. Die getöteten Tiere werden danach – zum Teil auch öffentlich – verbrannt. In einigen Gemeinden haben lokale Politiker konzertierte Aktionen und »Festtage« gegen den verhassten Einwanderer ins Leben gerufen. Wie etwa den »Toad Day Out« (»Krötenausflug«), der alljährlich am 29. März in Queensland begangen wird. An ihm sind alle Bürger aufgerufen, möglichst viele Kröten einzufangen. Kinder und Schulen bekommen Preise, wenn sie besonders dicke Exemplare fangen oder wenn sie besonders viele Exemplare einfangen. Danach, so die ausdrückliche Aufforderung der Organisatoren, sollen die Tiere einen »schmerzfreien Tod« sterben. Was konkret bedeutet, dass sie in die Tiefkühltruhe kommen, um zu erfrieren, oder in CO_2-gefüllten Plastiktüten erstickt werden. Danach fährt man einige von ihnen zu Untersuchungszwecken in die Uni-Labors, die meisten jedoch werden zu Dünger verarbeitet.

Oder aber zu modischen Accessoires. Auf der Homepage von »Toadshop« kann man neben ausgestopften Dekor-Kröten auch aus Krötenleder hergestellte Handtaschen, Schlüsselanhänger und Armreife erstehen. Krawatten gibt es ebenfalls, und eine fertig gebundene Fliege, von deren Knoten ein Krötenkopf starrt. Bestseller ist jedoch ein Portemonnaie, das nicht nur aus dem Leder der Kröte besteht, sondern auch genauso aussieht wie sie. Da, wo das Maul ist, kommen die Münzen hinein. Oder auch, wie »Toadshop« vorschlägt, »die Plektren eines Gitarristen oder die USB-Sticks eines Software-Freaks«. Man habe von den unterschiedlichsten Einsatzmöglichkeiten gehört, so der Händler. »In jedem Falle ist es aber immer wieder ein Genuss, den anderen Menschen zuzuschauen, wenn man die Kröten-Börse herausholt und ihr Maul öffnet, um dort etwas herauszuziehen.«

Ameisen sollen die Kröte schlucken

Höchste Zeit also, dass etwas Wirksames gegen die Kröte getan wird, bevor die Australier noch weiter neue
Horror-Tiefen ausloten. Richard Shine hofft in dieser
Hinsicht auf ein einheimisches Tier: die Fleischameise –
Iridomirex reburrus. Als Insekt würde man sie eher auf
der Speisekarte der Kröte vermuten als anders herum,
aber sie hat zwei entscheidende Vorteile: Erstens ist sie
immun gegen das Aga-Gift, »denn das wurde«, erklärt
der Evolutionsbiologe, »von der Kröte entwickelt, um
Wirbeltiere zu töten – und keine Insekten«. Zweitens ist
die Fleischameise ein aggressiver Jäger mit hoher Erfolgsquote. An einigen australischen Küsten stellt sie
einer Ringelwurmart namens Armandia intermedia
nach, und dabei erzielt sie eine Erfolgsquote von über
dreißig Prozent. Jeder dritte dieser Würmer muss also
damit rechnen, im Bauch einer Fleischameise zu landen,
und genau diese Ausbeute erhofft sich Shine auch beim
Aga-Frosch.

Das Problem ist freilich: Die Kröte ist riesig, die Ameise
klein. Aber Kröten kommen ja nicht groß auf die Welt,
sondern als winzige Kaulquappen, die nach ein paar
Wochen als kleine, anderthalb Zentimeter lange Kröten
ungelenk und tapsig an Land gehen. Genau die richtige
Beute für ein Rudel jagdlüsterner Ameisen. Vorausgesetzt, sie begegnen überhaupt einem Krötenzwerg, und
das ist normalerweise nicht der Fall, da sie eher die Tro-

ckenheit lieben und die Wassernähe meiden. Also muss man sie irgendwie dorthin locken.

Richard Shine und sein Forscherteam haben nun einen idealen Köder dafür gefunden: Katzenfutter. Denn das besteht – im Unterschied zu Hundefutter – fast nur aus Fleischextrakt. Die australischen Biologen führten eine Reihe von Tests durch, in denen sie Katzenfutter am Strand von Gewässern verstreuten, in denen die Aga-Kröten ihren Laich abgelegt hatten. In der Folge explodierte die Zahl der Fleischameisen, die sich zunächst über das Katzenfutter und dann über die aus dem See tapsenden Krötenbabys hermachten. Nach dem Motto: Wenn wir schon mal dabei sind … Die Hälfte der Jungkröten starb direkt bei dem Ameisen-Angriff, und von den geflüchteten verstarben achtundachtzig Prozent später an ihren Verletzungen. Andere Tiere kamen kaum zu Schaden. »Siebenundneunzig Prozent der Ameisenangriffe zielten auf die Kröten«, so Shine, der damit auch die Forderung erfüllt sieht, mit seiner Anti-Kröten-Strategie nicht ins ökologische Gleichgewicht einzugreifen.

Der Evolutionsbiologe weiß aber auch, dass dies erst eine vorläufige Bestandsaufnahme ist. Denn man wird nicht an allen Gewässern Katzenfutter verstreuen können, und noch schwieriger wird es sein, es vor anderen Tieren – wie etwa Ratten – zu schützen. Außerdem könnte die Ameisenstrategie am Ende doch ökologische Kollateralschäden verursachen. »Die Erfahrungen mit der Aga-Kröte haben gezeigt, wie schnell und in welchem

Ausmaß der Mensch falsch liegen kann, wenn er versucht, sich in die Natur einzumischen«, warnt Shine. »So etwas darf nicht noch einmal passieren.« Am Anfang waren es die Käfer, später die Kröten – und am Ende könnten es die Ameisen oder aber die ursprünglichen, aber nicht mehr bejagten Beutetiere der Ameise sein, die Australien unter ihre Fittiche bringen.

Bisher sieht es allerdings nicht einmal annähernd nach einem Regime-Wechsel aus. Die dicke Kröte hat nach wie vor alles in der Hand, und sie erweitert mit ihren evolutionär neuen Riesenbeinen immer mehr ihr Territorium. Shine schwant, dass jetzt erst einmal die Natur vor den Invasoren geschützt werden muss, bevor man ihnen selbst das Handwerk legt. Sein neuestes Projekt klingt zunächst sogar absurd, denn er setzt jetzt rund um das Kröten-Territorium kleine Aga-Kröten aus. Der Gedanke dahinter: Die kleinen Kröten sind noch nicht so giftig wie die großen Tiere, die normalerweise nach vorne preschen, um das Revier zu erweitern. Ihre Giftdosis reicht nicht, um ein Raubtier wie eine Schlange oder ein Krokodil zu töten. Aber sie reicht, um zu einer »pädagogischen Übelkeit« zu führen. Das heißt: Dem Räuber wird schlecht, und so wird er künftig alle Aga-Kröten meiden, also auch die großen Exemplare, die ihm den Tod bringen könnten. Als Tierschützer muss man eben auch mal das Absurde wagen.

Umwälzung auf »Down under«

Kein anderes Gebiet der Welt wird so stark von invasiven Tierarten heimgesucht wie das Areal »Down under«, zu dem neben Australien auch Neu-Guinea und Neuseeland gehören. Was einerseits daran liegt, dass man sich die Tiere selbst ins Land holte, wie etwa im geschilderten Fall die Aga-Kröte. Andererseits hat die Evolution die abgelegene Insellage der Länder dazu genutzt, dort ein exquisites Biotop mit exquisiter Fauna zu entwickeln. Man denke nur an Kängurus, Koala-Bären und Eier legende Säugetiere wie das Schnabeltier, die es sonst nirgendwo gibt. Sie leben in ihrer eigenen Welt, und wenn sich dort etwas Neues breit macht, sind sie in der Regel überfordert und den Invasoren wehrlos ausgeliefert.

Das Besondere an der Down-under-Fauna ist aber auch, dass es dort keine größeren Raubtiere gibt. Der größte Räuber in Australien war der Beutelwolf, und der wurde um die vorletzte Jahrhundertwende ausgerottet, weil man das Vieh schützen und einfach Spaß am Jagen haben wollte. Wenn nun aber große Raubtiere fehlen, gibt es keinen natürlichen Schutz vor eingewanderten Aliens. Die können ungestört schalten und walten, wie sie wollen. Sind es Räuber wie etwa Fuchs, Hund und Katze, haben sie keine Konkurrenz zu befürchten. Und eingeführte Vegetarier wie etwa Kaninchen, Wasserbüffel und Ziegen müssen kaum Räuber fürchten, außer denen, die ebenfalls Aliens sind, wie etwa Fuchs und Katze –

doch die finden ja in der einheimischen Fauna auch genug andere Alternativen, die zudem auf ihre neuen Feinde überhaupt nicht eingestellt sind.

Es ist daher kein Wunder, dass die Heimat der Beuteltiere besonders stark von invasiven Tierarten gebeutelt wird. Neben Kaninchen und Aga-Kröten hat man es in Australien auch mit großen Invasoren wie etwa hundertfünfzigtausend Wasserbüffeln, dreihunderttausend Dromedaren, fünf Millionen Eseln und knapp fünfundzwanzig Millionen Wildschweinen zu tun. Sie grasen und trampeln auf den ohnehin nicht gerade üppigen Grünflächen der Insel, nehmen dadurch vielen einheimischen Tieren das Futter weg. Wildschweine gehen als Allesfresser außerdem noch auf die Jagd. Auf ihr Konto gehen etwa vierzig Prozent aller Lämmer, die in australischen Schafherden von einem Wildtier getötet werden. Und sie verbreiten Keime und Parasiten, die der australischen Viehzucht jährlich Milliardenschäden einbrockten. Ganz zu schweigen davon, dass einige der Erreger auch für den Menschen gefährlich sind. Er kann sich beispielsweise über den Kontakt mit dem Urin eines erkrankten Tiers (was bei forst- und landwirtschaftlicher Arbeit immer wieder passiert) oder beim Zubereiten von dessen Fleisch (Wildschweinbraten gilt im Barbecue-Land Australien als Delikatesse) mit Tuberkulose und Leptospirose (besser bekannt als Weil-Krankheit) sowie der Wurmerkrankung Sparganose anstecken, die schlimmstenfalls zu Lähmungen und epileptischen Anfällen führt.

Problematisch sind aber auch die Müllberge, die von den Touristen an beliebten Sight-Seeing-Orten hinterlassen werden. Die Wildschweine wühlen nachts darin und können dabei den exotischen Erreger eines Menschen aufschnappen, den das Immunsystem der Australier noch nicht kennt. Die Behörden in Queensland warnen, dass auf diese Weise verheerende Seuchen ins Land getragen werden können.

Im kleineren Neuseeland ist die Alien-Situation noch bedrohlicher als in Australien. Dort stehen 1790 eingeborenen Tierarten bereits 1570 Aliens gegenüber, es ist also schon fast ein Patt erreicht. Die Konsequenzen auf das Öko-System sind enorm. Wer jetzt nach Neuseeland fliegt, wird nicht nur durch die Landschaft an Irland erinnert – er wird dort auch auf viele Tiere treffen, die er aus Europa kennt. Wie etwa Igel, Elche, Wespen und Ratten oder auch Raubtiere wie Katzen, Ratten, Marder, Wiesel und Frettchen. Oder er sieht australische Aliens wie etwa das dauerhungrige Possum. Die importierten Jäger haben dafür gesorgt, dass man statt ihrer kaum noch einen Kiwi sieht, das Wappentier Neuseelands. Denn diesem Vogel fehlt die wichtigste Fluchtmöglichkeit anderer Fiedertiere: das Abheben in die Luft. Und weil er viel kleiner ist als ein Strauß oder Emu, wird er dadurch zur leichten Beute.

Gerade das Wiesel hat sich auf den Kiwi spezialisiert. Laut aktuellen Schätzungen sorgt es zusammen mit den Katzen dafür, dass über neunzig Prozent der jungen Kiwis keine hundert Tage alt werden. Den Rest besorgen vor allem Possums und wildernde Hunde. In den 1990ern tötete ein einziger entlaufener Schäferhund im Wald von Waitangi binnen weniger Tage fünfhundert Kiwis und damit mehr als die Hälfte der dortigen Population. Im Osten und Norden der neuseeländischen Südinsel sowie in küstennahen Regionen der Nordinsel ist der Vogel bereits verschwunden. Es ist absehbar, dass er in absehbarer Zeit komplett ausgerottet ist, denn der Regierung fällt nicht viel ein, um ihn zu schützen. Im Juli 2016 kündigte der neuseeländische Premier John Key zwar an, bis 2050 sämtliche Possums, Wiesel und Ratten eliminiert zu haben und dafür auch viel Geld bereit zu stellen. Doch für den Kiwi kommt das vermutlich zu spät. Ganz zu schweigen davon, dass neben vielem Geld auch eine nachhaltige und umweltverträgliche Strategie da sein muss, und die fehlt bislang. Doch was ist Neuseeland ohne den Kiwi, den sich die Einwohner des Landes ja nicht nur als Wappentier, sondern auch als Namenspatron für sich selbst auserkoren haben?

Die Verödung des Paradieses

Noch trostloser ist es jedoch in Guam. Eigentlich ist die kleine Tropeninsel im Westpazifik wie geschaffen für ein irdisches Paradies, doch tatsächlich hört man dort kein Vogelgezwitscher mehr. Obwohl dort vor dem Zweiten

Weltkrieg immerhin zwölf Vogelarten lebten, was für ein Eiland, das nicht viel größer ist als Köln, schon eine beachtliche Leistung war. Doch dann schaffte es die Nachtbaumnatter, sich in eines der Frachtflugzeuge zu schmuggeln, die zwischen Guam und dem zweitausend Kilometer entfernten Neu-Guinea verkehrten. Und seitdem herrscht auf dem Eiland eine beängstigende Stille.

Denn die zwei bis drei Meter große Würgeschlange ist – im Unterschied zu vielen anderen Schlangen – nicht auf irgendwelche Beutetiere spezialisiert. Sie frisst alles, was nicht rechtzeitig die Flucht antritt. Und das trifft naturgemäß auf alle Tiere Guams zu, weil ihnen ja die große Schlange unbekannt ist. Die Natter hatte daher leichtes Spiel. Binnen weniger Jahre rottete sie zehn der zwölf Vogelarten aus. Seitdem hat sie sich auf Echsen und Flughunde fokussiert, von denen auch schon einige Arten verschwunden sind. Dafür gibt es jetzt in Guam immer mehr Insekten, weil die mit den Vögeln und Flughunden ihre wichtigsten Feinde verloren haben. Und immer mehr Spinnen, weil die gerne Insekten fressen. Wer jetzt über Guam läuft, wird entweder von irgendetwas gestochen, oder er läuft in irgendein Spinnennetz. Und wenn er sich auf diesen Schock einen Scotch mit Eis gönnen will, könnte es sein, dass daraus auch nichts wird. Denn die Natter hat Stromverteilerkästen als lauschige Nistplätze entdeckt, was die Kurzschlussgefahr dramatisch erhöht. Seitdem gehen auf der Insel immer wieder die Lichter aus.

Der unerwünschte Star-Gast

In dem Maße, wie auf Guam das Zwitschern verebbte, erhob es sich in den USA zum einschüchternden Getöse. Schuld daran ist der Arzneimittelproduzent und Theater-Liebhaber Eugene Schieffelin, der 1890 im New Yorker Central Park alle Vögel ansiedeln wollte, die in Shakespeares Werken mitspielten. Die meisten Fiedertiere überlebten diese Aktion nicht – bis auf einen: Sturnus vulgaris, der europäische Star. Und ihm gelang der Durchbruch zum ornithologischen Star, allerdings mit eher zweifelhaftem Ruf. Die *New York Times* konstatierte im Jubiläumsjahr 1990: »Er verdient den Titel eines der kostspieligsten und verderblichsten Vögel unseres Kontinents.«

Dabei legte der Star eher einen langsamen Start hin. Die ersten sechs Jahre nach seiner Umsiedlung tauchte er ab. Als sich das erste Paar am Museum of Natural History einnistete, wurde das von den New Yorkern gefeiert wie der Unabhängigkeitstag. Doch dann explodierte der Bestand, und dabei kam dem Vogel zugute, dass er – genauso wie die Nachtbaumnatter – nicht wählerisch in seiner Kost ist. Egal, ob Samen, Beeren, Würmer oder Insekten: Hauptsache, es macht satt. Ein Millionen-Heer der Vögel schaffte es sogar einmal, zwanzig Tonnen Kartoffeln zu fressen. An einem einzigen Tag! Und bei der Fortpflanzung sind Stare genauso maßlos: Wenn es ihnen gut geht, quellen ihre Nester über von Eiern.

Außerdem sind sie klimatisch robust und ausgesprochen reisefreudig. 1928 nisteten sie bereits am Mississippi, 1942 in Kalifornien. In den 1950ern war ihr Bestand auf fünfzig Millionen angewachsen, und jetzt wurden sie nicht mehr gefeiert. Erst recht nicht, als sie in der Nähe von Boston eine Lockheed Electra zum Absturz brachten. Eine dieser unvergleichlichen Star-Wolken war frontal in die Maschine hineingeflogen und hatte deren Propeller blockiert, zweiundsechzig Menschen starben. Die Vögel hatten das sicherlich nicht mit Absicht getan, sondern es war ihnen versehentlich passiert. Denn in ihren gigantischen Horden gibt es keinen Anführer, sie orientieren sich an fünf bis sechs Vögeln, die neben, über und unter ihnen fliegen. Mit der Flugzeugkatastrophe jedoch stand der Star nunmehr endgültig auf der Abschussliste der US-Amerikaner. Überall im Lande wurden nun die Flinten gezückt. Freilich ohne Erfolg. Einer millionenköpfigen Star-Horde tut es nicht weh, wenn man hundert von ihnen abschießt. Stattdessen kam 1963 Hitchcocks Jahrhundert-Film »Die Vögel« in die Kinos, was die Ängste der Leute zusätzlich befeuerte.

In einigen Städten versuchte man, die Stare mit Ballons und Eulenattrappen zu vertreiben, und als das nichts brachte, beschoss man sie mit Juckpulver. Nichts davon hatte Erfolg. Eine andere Aktion bestand im Einsatz ferngesteuerter Modellflugzeuge, die wie Falken aussahen. Die Flieger crashten, was auf die Stare nicht gerade einen nachhaltigen Eindruck hinterließ. Das

US-Innenministerium wollte Fett um die Futterstellen der Vögel schmieren lassen, in der Hoffnung, dass sie das klebrige Zeug zu ihren Nestern mitnähmen, wo es dann die Eier verkleben und die Küken am Schlüpfen hindern würde. Der Plan wurde zur Lachnummer in den Medien, sonst nichts. Also versuchte man es mit dem Klassiker gegen Schädlinge: vergiftetem Futter. Zwischen 1964 und 1967 wurden dadurch allein in Kalifornien Millionen der Vögel getötet, sie fielen zu Tausenden vom Himmel. Aber die Überlebenden stürzten sich daraufhin noch mehr als sonst in ihre Fortpflanzungsaktivitäten, während die Häscher erkennen mussten, dass immer mehr einheimische Vögel dem Gift zum Opfer fielen. Also stoppte man schließlich den konzertierten Mord, und die Starpopulation wurde stärker als zuvor, weil sie die Früchte ihrer fleißigen Fortpflanzungsaktivitäten erntete.

In Washington versuchte man mit elektrisch geladenen Drähten, die Vögel von den Regierungsgebäuden fernzuhalten. Mit der Folge, dass die Stare zu den Nachbarn flogen, wo man sich schon bald beschwerte und darüber empörte, dass man nun ausbaden sollte, was die Politiker weder aufhalten noch aushalten konnten. Also wurden die Drähte wieder abmontiert. Stattdessen versuchte man es schließlich mit radioaktiven Strahlen, indem man einige Vögel einfing und sie mit Cobalt-60 radioaktiv verseuchte, um sie als Strahlenbombe wieder in die Freiheit zu entlassen, damit sie ihre Horden verseuchten. Glücklicherweise verzichtete man auf den letzten Schritt, der die Natur einem unkalkulierbaren Risiko ausgesetzt hätte.

Der Stand heute: Der Star ist nach wie vor ein gigantisches Problem. Als fleißiger Samen- und Beerenfresser kostet er die US-Landwirtschaft jährlich achthundert Millionen Dollar, und das Gesundheitsbudget wird jährlich mit der gleichen Summe belastet, weil der Vogel auch ein fleißiger Krankheitsüberträger ist, der nicht nur alle möglichen Tiere vom Huhn über die Gans bis zum Schwein, sondern auch den Menschen infizieren kann. Beispielsweise mit Chlamydophila psittaci und Histoplasma capsulatum, die schwere Entzündungen in Lungen und Atemwegen hervorrufen können. Seit 1999 hat der gefährliche West-Nil-Virus die US-Bevölkerung erfasst, und Infektiologen gehen davon aus, dass dabei neben dem einheimischen Rotschulterstärling auch der europäische Star eine wichtige Rolle gespielt hat.

Alien-Sittiche auf der Kö

Gründe genug, auch in Deutschland darauf zu achten, keine Vogelarten aus anderen Kontinenten einwandern zu lassen. Stattdessen werden dort jedoch zunehmend Großstädte wie Heidelberg, Wiesbaden, Köln oder Düsseldorf mit Halsbandsittichen bevölkert. In der gesamten Rheinebene leben mittlerweile Tausende der bunten und munter zwitschernden Vögel, die eigentlich in die afrikanische Savanne oder nach Indien gehören. Das vergleichsweise warme Klima in den Städten hilft den Sittichen, den Winter zu überstehen, und die dortigen Parks, Friedhöfe und Gartenanlagen bieten ihnen ausreichend Nahrung in Form von Beeren, Blüten oder Obst. In Bäumen und Hausfassaden finden sie geschützte Plätze für ihre Nester, wobei sie eigentlich ohnehin kaum Schutz brauchen, weil sie nur wenige natürliche Feinde haben. Habicht und Falke haben zwar den Sittich in ihren Speiseplan aufgenommen, doch sie trauen sich nur selten in die Großstadt.

Die Zahl der Alien-Sittiche wird mittlerweile für Deutschland auf zehntausend geschätzt. Das ist noch weit weg von den fünfzig Millionen, auf die es der Star-Invasor in Nordamerika bereits gebracht hat. Aber wenn noch ein paar Tausend hinzukommen, wird es schwierig werden, die Sittiche noch aus den Städten herauszubekommen.

Insgesamt haben sich etwa zweihundertsechzig fremde Tierarten in Deutschland festgesetzt. Die meisten von ihnen sind noch unproblematisch, sie stellen weder für die Natur noch für den Menschen eine ernsthafte Gefährdung dar. Doch in einigen Fällen ist die Grenze dazu überschritten.

Wie etwa beim wohl bekanntesten Zuwanderer: Procyon lotor, dem Waschbär. Er randaliert immer öfter in Mülltonnen und Gartenlauben, und manchmal wird von ihm sogar der Einbruchsalarm ausgelöst, weil er Küchen und Wohnzimmer auf Nahrung inspiziert. In einigen Gebieten ist er außerdem zu einer Belastung für das Ökosystem geworden. So hat er in Thüringen dem Uhu bereits ein Viertel von dessen möglichen Nistplätzen weggenommen, und in Sachsen-Anhalt soll er Europas größte Graureiherkolonie mit bis zu vierhundertzwanzig Brutpaaren auf dem Gewissen haben.

Die meisten Naturschützer sehen jedoch im Waschbär-Alien eher ein kleineres Problem, das man wohl im Auge behalten, aber nicht mit konzertierten und flächendeckenden Jagdaktionen bekämpfen muss. Wie überhaupt die etwa Dutzend fremden Säugetierarten in Deutschland kein Grund zur Panik sind. Der Marderhund etwa kam aus Japan und Sibirien über russische Pelzhändler zu uns, und anfangs explodierten auch seine Bestände, so dass man Angst hatte, dass er der einheimischen Vogelwelt zusetzen würde. Doch dann wurde er 2008 von der Staupe, einer Viruserkrankung, heimgesucht. Sein Bestand ging runter auf knapp fünfzehntausend Exemplare, was deutsche Wäldern durchaus verkraften können. Außerdem wird er mittlerweile regelmäßig bejagt, so dass auch keine weiteren Populationsexzesse zu befürchten sind.

Brr-oam! Wer hat den Riesling verekelt?

Weitaus mehr ökologische Gefahr geht da schon vom – ursprünglich aus Nordamerika stammenden – Ochsenfrosch aus. Die Besiedlung Deutschlands gelang ihm in erster Linie dadurch, dass man im Tierhandel Kaulquappen von ihm verkaufte, zum Aufhübschen von Gartenteichen. Seitdem hat er vor allem die Altrheinauen in der Oberrheinischen Tiefebene für sich erobert und dabei erheblichen ökologischen Schaden angerichtet. Denn er frisst nicht nur viel, sondern auch fast alles, was ihm begegnet und kleiner ist als er. Darunter fallen auch einheimische Frösche. Was konkret bedeutet: Da, wo man das tiefe Grunzen (»Brr-oam«) des Ochsenfroschs hört, wird man kein anderes Quaken hören.

Der asiatische Marienkäfer wurde hingegen nicht vom Zoo-, sondern vom Gartenhandel eingeführt, weil er fünf Mal so viele Blattläuse frisst wie die deutsche, siebenpunktige Marienkäfer-Variante. Es stellte sich jedoch heraus, dass er auch mehr Nachkommen produziert. Und dafür weniger Feinde hat, weil er größer ist als sein deutsches Pendant, der zudem noch damit rechnen muss, vom Konkurrenten aus Fernost verspeist zu werden. Denn der verfährt nach dem Motto: Warum soll ich mich mit winzigen Läusen herumplagen, wenn ich doch auch den fressen kann, der die Läuse frisst?

Es ist daher kein Wunder, dass der chinesische den deutschen Marienkäfer in einigen Gegenden völlig verdrängt hat. Und das hat auch für den Menschen unangenehme Folgen. Denn wenn sich die ersten Nachtfröste zeigen, versuchen Hundertschaften von Asia-Käfern, sich einen warmen Platz in Häusern, Kellern und Garagen zu sichern, den sie erst im nächsten Frühjahr wieder verlassen wollen. Versucht man, sie vorher zu entfernen, kommt es zum sogenannten Reflexbluten: Die Tiere sondern ein gelbliches Wehrsekret aus den Gelenken ihrer Laufbeine ab, was nicht nur Wände und Vorhänge verschmutzt, sondern auch ziemlich ekelhaft riecht. Obendrein reagieren einige Menschen darauf allergisch.

Weinbauern fürchten den asiatischen Marienkäfer, weil er ihre Trauben anzapft und je nach Größe seiner Population die Ernte ruinieren kann. Und zwar nicht nur, weil er die Trauben leer saugt, sondern auch, weil er, sofern er sich angegriffen fühlt, das bereits erwähnte Ekel-Sekret ausspritzt. Besonders betroffen sind späte Sorten wie Cabernet Franc, Cabernet Sauvignon oder Riesling. Fairerweise muss man jedoch sagen, dass der Asia-Käfer dafür auch enorme Blattlausmengen von den Weinblättern frisst. Und: Was das Sekret angeht, so hat das Reflexbluten des einheimischen Marienkäfers sogar eine noch stärkere Wirkung auf den Weingeschmack. Und darüber klagen derzeit die Weinbauern in Nordamerika. Denn dorthin ist der deutsche Marienkäfer ausgewandert, als es ihm hier zu ungemütlich wurde.

Der König aller in Deutschland ansässigen Aliens ist

jedoch in der Regel unsichtbar für uns. Denn er ist mit knapp einem Zentimeter relativ klein, und er gehört zu den über sechzig invasiven Tierarten, die sich im Rhein breit gemacht haben, also unauffällig in der Tiefe des Wassers leben. Es ist der Flohkrebs – Corophium curvispinum. Seine ursprüngliche Heimat ist das Kaspische Meer, aber von dort zog es ihn immer mehr Richtung Westen. Über Weichsel und Warthe ging es zum Main und von dort über den Main-Donau-Kanal in die Donau. Und dort vermischte er sich mit einer zweiten Flohkrebs-Kompanie, die ihre Reise vom Schwarzen Meer nach Mitteleuropa begonnen hatte. Die reiselustigen Gliederfüßer haben also Mitteleuropa regelrecht in die Zange genommen – und entsprechend groß ist ihr Siedlungserfolg.

1998 gab es im Rhein an einigen Stellen hunderttausend Flohkrebse auf nur einem Quadratmeter. Er war also ein einziges Glibbern und Wabern, was weniger an der weiß-gelblichen Farbe des Krebses lag als daran, dass er den Untergrund mit klebrigen Fadenröhren überzog, um darin zu wohnen. Was vor allem für Muscheln ein Problem war, weil sie keinen Platz mehr zum Festheften ihrer Larven fanden. Doch glücklicherweise gibt es diese Glibber-Ballungsräume nicht mehr. Was aber nicht etwa daran liegt, dass die einheimische Tierwelt den Invasor unter Kontrolle bekommen oder eine Seuche ihn dahin gerafft hätte, sondern daran, dass sein Bestand durch einen anderen Invasor – nämlich den

Höckerflohkrebs Dikerogammarus villosus – erheblich dezimiert worden ist. Der stammt ebenfalls aus dem Schwarzen Meer, die beiden kennen sich also gut. Wobei jedoch der Flohkrebs verständlicherweise keinen sonderlichen Wert auf diese Bekanntschaft legt, weil sie in der Regel sein Leben verkürzt. Er flüchtete daher – so wie der deutsche Marienkäfer – ins Exil. Hinauf nach Irland, wo sich bereits die Muschelzüchter über ihn ärgern. Aber vielleicht haben die ja das Glück, dass der Höckerflohkrebs seiner Lieblingsspeise bald folgen wird.

7 Der Klimawandel kennt auch Sieger

Es gibt Menschen, die darüber klagen, dass sich ihre Lebensbedingungen in einem Tempo verändern, das sie überfordert und ihnen den Atem raubt. Wenn man betrachtet, mit welcher Selbstverständlichkeit wir heute unsere Nachrichten aus dem Internet anstatt aus Zeitung und Fernsehen beziehen und Kinder eine natürliche Erdbeere mit einem unmissverständlichen »Bäh!« ablehnen, weil sie geschmacklich nicht mehr mit einem Erdbeerjoghurt mithalten kann, kann man diese Fortschrittsskeptiker verstehen. Doch ihre Situation wirkt geradezu harmlos gegenüber dem Anpassungsdruck, den sich die Tiere der Natur gegenübersehen. Der aktuelle Klimawandel verwandelt Eisflächen zum offenen Ozean, Savannen zu Wüste oder Wald und gemäßigt-milde Wetterzonen zu Arealen, auf denen sich Taifune, Hurrikans, Fluten und andere Wetterkatastrophen austoben.

Hinzu kommt, dass der Mensch eine massive Vermüllung und Verdrängung der Natur betreibt, so dass der ursprüngliche Lebensraum für Tiere immer kleiner und ungemütlicher wird. Insgesamt vollzieht sich ein rasanter Wandel auf unserem Globus, dem viele Tiere nicht gewachsen sind: Sie sterben aus oder sind bereits ausgestorben.

Ein Forscherteam der Autonomen Universität Mexiko hat die verfügbaren Daten zum weltweiten Wirbeltiersterben ausgewertet und sie mit der so genannten Hintergrundrate, also dem normalen Artenschwund in der Evolution verglichen. Ihr Resümee fällt deutlich und alarmierend aus: »Unsere Daten sprechen dafür, dass das sechste große Massenaussterben der Erdgeschichte längst begonnen hat.« Das letzte Massenaussterben fand vor fünfundsechzig Millionen Jahren statt, als sich das Klima dramatisch änderte und mit den Dinosauriern insgesamt siebzig Prozent der Arten hinwegfegte. Den schwersten Schlag erlitt die Tierwelt vor 251 Millionen Jahren, als sie sechsundneunzig Prozent ihrer Arten verlor. Als seine Ursache vermuten Wissenschaftler vulkanische Aktivitäten, in deren Folge große Kohlendioxidmengen freigesetzt wurden. Das Treibhausgas wird auch heute – von Menschen anstatt von Vulkanen – in großen Mengen freigesetzt, und es häufen sich die Indizien, dass es erneut ein Massenaussterben vorantreibt.

So gehen derzeit hundertmal mehr Arten verloren, als es ohne den Menschen der Fall wäre. Normal wäre beispielsweise der Verlust von neun Wirbeltierarten seit dem Jahre 1900. Aber tatsächlich lag die Aussterbequote, wie die mexikanischen Forscher ermittelt haben, bei 468. »Das Ausmaß des Artenschwunds liegt höher als jemals zuvor in den letzten fünfundsechzig Millionen Jahren«, warnt Studienleiter Gerardo Ceballos. Und ein Ende dieser Entwicklung ist nicht in Sicht. »Sechzehn bis dreiunddreißig Prozent der Wirbeltiere sind aktuell gefährdet oder sogar akut vom Aussterben bedroht«, betont Rodolfo Dirzo von der Stanford University in Kalifornien. Bei den Wirbellosen liege die Rate vermutlich sogar bei rund vierzig Prozent.

Müllhalde statt Mittelmeerstrand

Die Artenvielfalt im Tierreich geht also derzeit deutlich zurück. Was aber keineswegs bedeutet, dass damit die Vorherrschaft des Menschen gefestigt ist. Denn im Tierreich gibt es auch Profiteure der Veränderungen, die derzeit auf dem Globus passieren. So freuen sich Krähen, Stare, Möwen und Ratten, aber auch Geier und sogar Störche über die gigantischen Mülldeponien der Großstädte, weil man dort leichter Nahrung findet als in der Natur, von der die Menschen ja immer wenig übrig lassen. Viele Störche werden dadurch so träge, dass sie zum Winter gar nicht mehr gen Süden fliegen. Der Inbegriff des Zugvogels, er wird ausgerechnet durch stinkende Mülldeponien immer mehr zum Stubenhocker.

Raubvögel wie Rotmilan und Mäusebussard verzichten auf ihre eleganten, aber auch anstrengenden Jagdmanöver, weil sie das »All inclusive« zu schätzen gelernt haben. Und »All inclusive« heißt, dass sie sogar in der

Nähe der stinkenden Halden brüten. Der berühmte Verhaltensforscher und Graugans-Experte Konrad Lorenz lehrte uns noch, dass Küken gerne demjenigen hinterherlaufen, dem sie unmittelbar nach dem Schlüpfen als Erstes begegnen. Heute lernen sie mit ihrem ersten fauligen Atemzug, wo sie nach Nahrung zu suchen haben. In absehbarer Zeit werden die Raubvögel wohl das Jagen genauso verlernt haben wie der Storch das Reisen.

Insgesamt ernähren sich siebzig Vogel- und fünfzig Säugetierarten zumindest teilweise von Abfall. In einigen Gegenden sorgen die Müllberge sogar für tierische Invasionen. So wurde die Hauptdeponie im kanadischen Churchill schon von vierzig Eisbären besucht, die dabei auch akzeptierten, dass ihr Pelz an dem häufig schwelenden Müll ankokelte. Auf den Müllkippen bei Marseille kann man zuweilen bis zu neunzigtausend Möwen zählen, die dort ihre kargen Winterrationen aufbesserten. Wildschweine und Marder kommen meistens aus demselben Grund und ebenfalls in Scharen, doch sie kann man nicht so leicht zählen, weil sie meistens nachts nach verschimmeltem Brot, vergorenem Obst und vergammelten Koteletts wühlen.

Futtern statt Bemuttern

Die meisten tierischen Profiteure bringt jedoch der Klimawandel mit sich. Denn während die veränderten Wetterumstände für die eine Spezies eine Bedrohung sind, bedeuten sie für die andere eine Chance.

So sorgt der steigende CO_2-Gehalt in der Atmosphäre dafür, dass sich die afrikanischen Wälder auf die Savannen ausdehnen. Das wiederum freut den dortigen Waldelefanten, und dem dürfte es dabei ziemlich egal sein, dass dadurch seinem Rüsselkollegen in der Savanne der Lebensraum wegbricht.

Von den steigenden Temperaturen der Ozeane profitieren vor allem wechselwarme Tierarten, die unter Kälte träge werden und aufblühen, wenn es warm wird. Wie etwa die bereits erwähnten Kraken und Quallen. Die meisten Fische hingegen profitieren nicht, weil sie relativ viel Sauerstoff brauchen, und dessen Werte sinken, insofern wärmeres Wasser weniger Gase aufnehmen kann. Die Folge: Die Grätentiere werden immer kleiner. Den stärksten Rückgang hat man im Indischen Ozean, wo die Fische im Jahre 2050 um etwa vierundzwanzig Prozent kleiner sein werden als im Jahre 2000.

Aber immerhin scheinen die grätenfreien Haie munterer zu werden, denn sie erlegen etwa doppelt so viele Menschen wie noch vor fünfzig Jahren. Der australische Meeresbiologe Scoresby Shepherd hat festgestellt, dass Gegenden, in denen früher drei bis vier Hai-Angriffe in zehn Jahren stattfanden, mittlerweile mindestens einmal pro Jahr heimgesucht werden. Mögliche Erklärung: Der Raubfisch, speziell der weiße Hai, findet wegen der massiven Bejagung durch den Menschen weniger Thunfische als früher, und deshalb muss er verstärkt nach Ausgleichsfutter suchen. Außerdem knurrt ihm wegen des Klimawandels, der seinen Stoffwechsel beschleunigt, stärker der Magen als früher. »Und wer Hunger hat, ist nicht wählerisch«, erklärt Shepherd. »Da nimmt dann ein Hai auch mit einem Menschen vorlieb, den er sonst nicht auf seiner Menükarte hat.«

Auch der Grönlandwal wird immer munterer, sein Sexleben ist so aktiv wie schon lange nicht mehr. Noch in den 1990er Jahren wurde er als akut gefährdet eingeordnet, doch nun hat ihn die Weltnaturschutzunion IUCN wieder als »nicht gefährdet« eingestuft. Zwölfhundert Exemplare von ihm wurden jetzt wieder im Meer von Nordgrönland gezählt, wo man noch vor zwanzig Jahren froh war, wenn man vierhundert gesichtet hatte. Grund für den Zuwachs: Die Nordwestpassage ist im Zuge der Erderwärmung immer öfter eisfrei, so dass die Wale von Alaska problemlos zur Küste Grönlands schwimmen können, um sich dort mit ihren Artgenossen zu treffen – und zu verpaaren.

Der Buckelwal besingt hingegen die Unmengen an Krill, die ihm der Klimawandel mehr denn je ins Maul spült. Weil auf der Südkugel immer mehr Eis schmilzt, sinken die Chancen der winzigen Krebstierchen, sich vor ihren Feinden zu verstecken. Das freut den Buckelwal, dessen Magen auf rund eine Tonne Krill ausgelegt ist.

Der Alpensteinbock gehört ebenfalls zu den Gewinnern des Klimawandels. In der Schweiz war er ausge-

rottet, jetzt ist er wieder da. Der Grund: Höhere Frühlings-
temperaturen und weniger Schnee verbessern sein
Nahrungsangebot. Bislang zehrte der Steinbock am Ende
des Winters an den letzten Fettreserven, die oftmals nicht
reichten, so dass er kurz vor dem erlösenden Frühling
verhungerte. Das Problem hat er nun nicht mehr. Der
Winter ist jetzt kürzer, so dass die Kräuter und Gräser
früher sprießen und immer weniger Böcke in existenz-
bedrohende Krisen geraten.

Der Adelie-Pinguin schnattert ebenfalls vor Freude,
seitdem es immer wärmer wird. Denn er lebt zwar vorzugsweise in eisbedeckten Regionen, doch zum Brüten
benötigt er offenes Land – und das wird durch den Rückzug der Eisflächen immer größer. An einigen Stellen hat
sich dadurch sein Bestand in den letzten Jahren verdoppelt.

Unweit der Adelie-Pinguine – auf den Crozetinseln
zwischen Antarktis und Madagaskar – profitieren die
Wanderalbatrosse vom Klimawandel. Die Tiere haben in
den letzten Jahren um etwa ein Kilogramm Körpermasse
zugelegt, was bei einem Durchschnittsgewicht von acht
bis zehn Kilogramm schon beträchtlich ist. Der Grund:
Durch den Klimawandel haben sich die Windverhält-
nisse an der Antarktis verändert. Die dortigen, ohnehin
schon kräftigen Westwinde haben sich weiter verstärkt,
so dass die Albatrosse als Segelflieger um etwa fünfzehn
Prozent schneller vorankommen als früher. Das kann
speziell in der Brutzeit von großem Nutzen sein. Denn die

Albatroseltern teilen sich in dieser Zeit die Alltagspflichten nach folgendem Schema: Mal geht der eine jagen, und der andere bleibt bei der Brut, wobei ihm schon bald der Magen knurrt; und wenn dann der Jäger pappsatt zum Nest zurückkehrt, darf der fastende Pfleger hinaus aufs Meer, um sich den Bauch vollzuschlagen. Durch die verbesserten Winde können sich nun die Albatrosse schneller abwechseln als bisher. Die Exkursionen zum Meer dauern jetzt vier Tage weniger, was auch bedeutet, dass der Pflegevogel vier Tage weniger fasten muss und mehr bei Kräften bleibt.

Nichtstoweniger dürfen Buckelwale, Pinguine und Albatrosse freilich aus menschlicher Sicht getrost zu den Siegern des Klimawandels gehören. Denn sie tun uns nichts, und im Fall des niedlichen Pinguins bringt es uns sogar zum Schmunzeln. Die meisten Profiteure des Klimawandels und der von uns angehäuften Müllberge sind jedoch nicht so niedlich.

8 Ohne Rückgrat ganz stark

Kakerlaken, Spinnen, Asseln, Zecken und Wanzen sorgen beim Menschen traditionell für Ekelgefühle, und vor Hornissen, Wespen, Skorpionen, Taranteln und Mücken hat man oft Angst, weil sie stechen, beißen oder sogar töten könnten. Es stört daher kaum jemanden, wenn diese Tiere von den Kandidaten des »Dschungelcamps« bei lebendigem Leib zerbissen und heruntergewürgt werden. Gefühlsmäßig zeigt sich da allenfalls etwas Mitleid und Schadenfreude, und die gelten den Essenden und nicht dem verzehrten »Krabbelzeug«. Denn Dr. Bob und RTL betonen: Das Gehirn dieser Tiere ist zu klein, als dass sie Schmerzen fühlen könnten, also kann man sie auch lebendig und ohne Betäubung verspeisen.

Wissenschaftlich steht diese These freilich auf schwachen Füßen. Klar, sieht man eine Fliege, wie sie trotz abgerissenen Beins weiter macht wie bisher, liegt der Verdacht nahe: Die merkt nichts. Heuschrecken fressen sogar in aller Seelenruhe weiter, obwohl sie gerade selbst von einer Gottesanbeterin vertilgt werden, und biegt man einer hungrigen Libelle den eigenen Hinterleib zu ihren Mundwerkzeugen, vertilgt sie sich selbst, ohne davon in irgendeiner Weise beeindruckt zu wirken. Das sind schon ziemlich starke Hinweise darauf, dass gerade Insekten nicht den Schmerz kennen, der uns Menschen in den Wahnsinn treiben kann. Sie besitzen zwar Sinnesorgane, mit denen sie spüren, wenn etwas in ihrem Körper beschädigt ist, doch deren Signale werden wegen der einfachen Hirnstruktur eben nicht in Schmerzen umgesetzt.

Allerdings ist das nur eine Vermutung, denn schlichte Hirne und die oben angeführten Beispiele sind kein Beweis. Denn die Tatsache, dass Tiere keine Regung zeigen, wenn man ihnen weh tut, heißt letzten Endes nur, dass sie eben nichts zeigen. Das Ausbleiben von Regungen könnte auch daran liegen, dass ihnen die Ausstattung dafür fehlt – denn wie sollte eine Biene weinen oder mit den Zähnen knirschen? Und möglicherweise zeigt sie sogar eine Regung, doch die verstehen wir nicht, weil wir ja Menschen und keine Bienen sind. Durchaus möglich also, dass sie doch etwas spüren. Um das wirklich auszuschließen, müssten härtere Beweise her.

Und die fehlen bislang. Was man dafür in Krebsen und Insekten gefunden hat, sind Opioid-Rezeptoren. Sie haben bei Menschen und Säugetieren nachgewiesenermaßen den Sinn der Schmerzdämpfung, und warum sollte das bei wirbellosen Tieren anders sein? Und dann stellt sich die Frage, warum sie über Schmerz hemmende Mechanismen verfügen, wenn sie einen solchen gar nicht spüren können?

In Laborversuchen konnte man bei Strandkrabben die verstärkte Ausschüttung von Stresshormonen nachweisen, nachdem man ihnen eine Schaufel abgerissen hatte. Brachte man die Tiere hingegen dazu, sich das Körperteil selbst abzutrennen (was sie im Gefahrenfall oft tun, um den Feind abzulenken und leichter fliehen zu können), blieben sie hormonell cool. Das kann man durchaus mit unserem Kitzelempfinden vergleichen: Wir kichern oder ziehen nur dann den Fuß zurück, wenn uns jemand anders mit seinen Fingerspitzen über die Sohle streicht. Tun wir es hingegen selbst, bleiben wir ruhig.

Wirbellose Tiere zeigen zudem ein Vermeidungsverhalten, das zumindest auf ein schmerzähnliches Empfinden hindeutet. Wenn man etwa Taufliegen bei einem bestimmten Geruch einen elektrischen Schock verabreicht, suchen sie künftig das Weite, sobald sie diesen Duft erneut wahrnehmen. Diese Erinnerung hält zwar nur für vierundzwanzig Stunden, doch umgerechnet auf das menschliche Leben entspricht das zwei bis fünf Jahren.

Verabreicht man Einsiedlerkrebsen einen kräftigen Elektroimpuls an deren Hinterleib, suchen sie viel eifriger nach einer Muschel als Unterschlupf als ihre unbehandelten Artgenossen. Außerdem stellen sie dabei weniger Ansprüche. Normalerweise prüfen Einsiedlerkrebse relativ lange, bevor sie eine Muschel als ihr Zuhause auswählen. Doch mit Elektro-Erfahrung beziehen sie jede x-beliebige Hütte; Hauptsache, sie haben irgendeinen

Unterschlupf. Würden sie so überhastet handeln, wenn sie kein Gedächtnis für den Schmerz des Elektroschocks hätten?

Die Frage nach der Schmerzempfindlichkeit von Krebsen, Spinnen, Insekten und anderen Gliederfüßern sollte man also nicht vorschnell verneinen. Schmerz bereitet ja nicht nur Leiden, er hat auch einen evolutionären Sinn: dass ein Lebewesen nämlich lernt, Gefahren für Leib und Leben zu vermeiden. Warum sollten ausgerechnet die größten Gewinner des Klimawandels ohne diesen Mechanismus auskommen?

Niemals allein zu Hause

Dass Gliederfüßer die größten Gewinner sind und vom Menschen und den von ihm ausgelösten Umweltveränderungen extrem profitieren, steht außer Frage. Für diese Gewissheit reicht schon ein Blick in die eigene Wohnung.

Ein dänisch-amerikanisches Forscherteam hat fünfzig frei stehende Häuser in North Carolina auf Gliederfüßer untersucht. Zu diesem überaus erfolgreichen Tierstamm gehört alles, was auf sechs, acht oder noch mehr Beinen krabbelt: Spinnen, Tausendfüßer, Insekten und auch Krebse, zu denen beispielsweise die weit verbreiteten Asseln gehören. Die Entomologen (Insektenkundler) pirschten und krochen zu zweit oder dritt durch die Häuser, und was nicht schnell genug wegkrabbelte,

wurde eingefangen. »Wir hatten Taschenlampen, Saug-
geräte, Netze, Pinzetten und andere Geräte als Hilfe«, erläutert Studienleiter Matt Bertone. »Doch es blieb ein
Knochenjob.« Der sich aber am Ende lohnen sollte.

Denn man sammelte über zehntausend Gliedertiere
ein, also durchschnittlich zweihundert pro Haus. Gerade
mal fünf der untersuchten fünfundfünfzig Räume waren so sauber, dass ein Mensch von ihnen sagen konnte:
»Hier bin ich allein mit mir.« Ansonsten tobte das Leben
auf Gliederfüßen. Aufgeteilt auf 579 Arten, von denen in
jedem einzelnen Haus 32 bis 211 Exemplare eine Heimat
gefunden hatte. »Unser Heim beherbergt also eine weitaus höhere Artenvielfalt, als man gemeinhin annimmt«,
resümiert Bertone.

Glücklicherweise sind die meisten Haus- und Hof-
arthropoden harmlos. Einige sind sogar nützlich, und
nur die wenigsten sind wirklich ein Problem. Zu den
nützlichen Dauergästen zählt beispielsweise die Kugel-
spinne, die man in fünfundsechzig Prozent aller untersuchten Räume fand. Sie lebt von Insekten und hält uns
damit auch die ungeliebten Mücken vom Leib. Der Ohr-
wurm sieht zwar mit seinen Kneifzangen am Hinterleib
geradezu martialisch aus, doch er ist ein Allesfresser,
und damit stehen auch Ameisen, Blattläuse und andere
ungeliebte Hausgäste auf seinem Speiseplan.

Eher lästig sind hingegen die Kleider- und Dörrobst-
motten, und auch die Fruchtfliege kann in den warmen
Monaten zur Plage werden. Eine Gefahr für den Men-

schen sind sie jedoch genauso wenig wie die Silberfisch-chen im Ausguss von Waschbecken und Badewanne. Diese nachtaktiven Insekten bleiben gerne im Unter-grund, wo sie sich asketisch von Haaren und Hautschup-pen ernähren. Und wenn sie die eine oder andere Haus-staubmilbe fressen, werden sie sogar vorübergehend zum Nützling.

Eindeutige Schädlinge sind jedoch die Kakerlaken bzw. Küchenschaben. Und zwar nicht nur wegen ihrer Fraßschäden, sondern wegen der Exkremente und Spei-cheltropfen, die sie auf Nahrungsmitteln hinterlassen. Das ungefähr zweihundert Millionen Jahre alte Erfolgs-modell der Evolution kann Milzbrand, Salmonellose und Tuberkulose übertragen. Doch die Forscher fanden das Probleminsekt glücklicherweise nur in sechs Prozent der untersuchten Häuser. Und die berüchtigte Bettwanze – ihre Stiche können schmerzhaft sein und achtund-zwanzig unterschiedliche Krankheitserreger übertra-gen – fand man in keinem der Häuser.

Allerdings gibt Bertone zu bedenken, dass der tatsäch-liche Arthropodenbestand in den heimischen vier Wän-den wohl erheblich größer ist als das, was die Forscher gefunden haben. Denn man beschränkte sich auf die Untersuchung sichtbarer Oberflächen. »Hinter die Tapete etwa schauten wir nicht«, so Bertone. Und Schrankwände und Einbauküchen hätte man auch nicht verrückt. Durchaus möglich also, dass im Haus-und-Hof-Biotop noch ungeahnte Überraschungen auf uns warten.

Außerdem wird das Insektenproblem deutlich dramatischer, wenn wir das traute und hygienische Mittelstandsheim verlassen. Und dort hingehen, wo Gliedertiere deutlich sicht- und spürbar das Regiment übernommen haben und als Parasit gezielt die Nähe des Menschen suchen.

Die Supermacht der Superkolonien

Plötzlich waren sie überall. Katharina hatte die Tüte mit den Brötchen herausgeholt, um sich und ihren beiden Töchtern sowie deren Spielkameraden eine Stärkung zu gönnen. Schon vorher war ihr aufgefallen, dass überall auf den Bänken, aber auch auf dem Holz um den Sandkasten Ameisen krabbelten. Sie hatte sich gewundert, aber keine Sorgen gemacht. Denn als Biolehrerin wusste sie den ökologischen Wert der Ameisenkolonien zu schätzen. Dass sie nämlich nicht nur Vögeln und anderen Insekten als Nahrung und Pflanzen als Samentransporter dienen, sondern auch Aas und Abfall entsorgen sowie den Boden durchlüften und zerkrümeln, so dass die Pflanzen besser mit ihren Wurzeln durchkommen. Außerdem gibt es dort, wo Ameisen leben, besonders viel Honig. Der Grund: Sie unterstützen Blattläuse bei der Produktion von Honigtau, und der dient wiederum den Bienen als Nahrung.

Doch was jetzt auf dem Münchener Spielplatz vor sich

ging, war schlechthin unerträglich. Die Krabbeltiere hatten offenbar mitbekommen, dass eine Brötchentüte im Spiel war, und kannten kein Halten mehr. Sie kamen aus allen Richtungen, liefen über Arme, Beine und Gesichter der Kinder, die daraufhin natürlich mit der Hand durchs Gesicht wischten. Mit der Folge, dass die Ameisen zubissen. Was natürlich schlecht für die Stimmung war. Katharina schnappte sich die heulenden Kinder und zog fluchtartig von dannen. Die Brötchentüte ließ sie zurück. Sie war mittlerweile so von Ameisen übersät, dass selbst eine Biolehrerin sie nicht mehr anfassen wollte.

Seit 2010 wird Deutschland – vor allem im Süden – immer mehr von sogenannten Superkolonien überroll. Darunter versteht man Ameisen-Netzwerke von Einzelnestern, die miteinander in Kontakt und über Straßen miteinander verbunden sind. »Sie teilen beispielsweise Nahrung miteinander und bekämpfen gemeinsam Feinde«, erklärt Volker Witte von der Ludwig-Maximilians-Universität in München. »Dadurch können die Dichten extrem hoch werden, und andere Ameisennester können leichter angegriffen und überwältigt werden.« Der Biologe galt als einer der international renommiertesten Ameisenexperten, bevor er im Juli 2015 – gerade mal sechsundvierzig Jahre alt – viel zu früh verstarb.

Die Superkolonien werden in der Regel nicht durch einheimische, sondern zugewanderte Arten gebildet. Wobei es sich dabei nicht um Exoten handeln muss. So stammt Formica fuscocinera – sechs Millimeter lang mit glänzendem Ring um den Hinterleib – aus den Alpen, und sie wurde nicht etwa über Kiwis aus Südamerika, sondern über den Kies von Schotterbänken eingeführt. In Bayern und Baden-Württemberg hat sie bereits zur Schließung diverser Spielplätze und Kindergärten geführt, weil sich die Behörden gegen das invasive Insekt nicht mehr anders zu helfen wussten, als ihm mit Pestiziden zu Leibe zu rücken. Zu ihren Lieblingsplätzen zählen vor allem naturnahe Spielplätze, denn die liefern nicht nur viele Brötchentüten, sondern auch naturnahe Materialien für den Nestbau.

Normalerweise bilden Ameisen Kolonien, die sich gegenseitig bekämpfen und damit begrenzen. Dadurch verhindern sie quasi selbst, dass sie zur Plage werden. Bei den Superkolonien ist das jedoch anders: Sie sind eine Art Megafamilie, deren Mitglieder alle miteinander verwandt sind und die sich daher nicht an der Ausbreitung hindern. Das Forscherteam um Volker Witte brachte Formica-fuscocinera-Ameisen aus Murnau und München – immerhin siebzig Kilometer und knapp sechzig Autominuten voneinander entfernt – in einer Petrischale zusammen. Normalerweise gibt das ein Gemetzel. Doch im diesem Falle ging es mehr friedlich ab: Die Murnau- und München-Ameisen ging freudig aufeinander zu und putzten sich. »Sie hatten sich offenbar als Mitglieder ein und derselben Kolonie erkannt«, so Witte.

Die invasiven Ameisen haben einen massiven Einfluss auf die Natur. Sie können andere Ameisenarten verdrängen und über viele Quadratkilometer komplett ausrotten. »Wenn die betroffenen Arten wichtige Funktionen in Ökosystemen einnehmen, kann ihr Ausfall zu Kaskadeneffekten und am Ende zu dramatischen Veränderungen in einem Ökosystem führen«, so Witte. Außerdem sind die Invasoren – nicht zuletzt aufgrund ihres aggressiven Verhaltens – immerzu hungrig, weswegen sie extrem große Blattlauskolonien anlegen, um sie zu melken. Das spürt dann natürlich auch die Botanik, die sich einem verstärkten Blattlausbefall ausgesetzt sieht. Und wer glaubt, dass hier der Marienkäfer als fleißiger Lausfresser eingreifen könnte, muss enttäuscht werden. Der nimmt sofort Reißaus, wenn er von einer Horde aggressiver Ameisen angegriffen wird. Sofern er überhaupt noch dazu kommt.

Tröstlich: Die Invasorenameisen hierzulande sind zumindest harmlos, was ihre Attacken auf den Menschen angeht. Ihre Bisse sind ärgerlich, aber erträglich. In anderen Ländern gibt es da schon ganz andere Kaliber. Wie etwa die rote Feuerameise, die ursprünglich aus Südamerika stammt und sich mittlerweile in China, Australien und den USA eingenistet hat. Im Feuerameisengürtel von New Mexico bis North Carolina muss jeder Dritte damit rechnen, mindestens einmal jährlich von diesem Insekt gebissen zu werden – und das ist keine Bagatelle. Denn die Ameise attackiert dabei durch eine Kombination ihrer Kiefer und ihres Giftstachels am Hinterleib: Sie beißt erst ein Loch in die Haut, und dann wird noch eine

Portion Gift hinterhergespritzt. Und das mehrmals hintereinander. In der Folge kommt es zu heftigen Hautreaktionen, die betroffene Stelle wird feuerrot und bildet Pusteln, bei Allergikern kommen Schockreaktionen hinzu. Das ist schon unangenehm bis schädlich, wenn nur eine einzige Ameise angreift. Wenn aber eine ganze Horde über einen Menschen herfällt, kann dies durchaus lebensbedrohlich werden. 2006 starb in South Carolina eine Frau infolge eines solchen konzertierten Angriffs.

Die rote Feuerameise versteht sich aber nicht nur aufs Beißen, sondern auch auf den technischen Boykott. Immer wieder zernagt sie die Dämmungen von Stromleitungen und Starterkabeln, so dass Autos liegen bleiben, Ampelanlagen ausfallen und die Menschen ins Schwitzen kommen, weil ihre Klimaanlagen nicht mehr funktionieren. Die Kosten der durch Feuerameisen hervorgerufenen Schäden werden in den USA auf zwei Milliarden Dollar geschätzt.

Die Invasive Species Specialist Group (ISSG) hat eine Liste der hundert schlimmsten invasiven Arten veröffentlicht, die also weltweit den größten Schaden anrichten. Darunter finden sich neben der roten Feuerameise noch fünf andere Ameisenarten. Unter ihnen die argentinische Ameise Linepithema humile, die schon 1908 den Zitronenbauern in Kalifornien das Fürchten lehrte. Derzeit macht sie von sich reden, weil sie mit ihren Superkolonien ganze Landstriche von anderen Ameisen und Insekten befreit und dadurch ökologisch verödet. Wenn sie einen Acker beackert hat, ist das nicht viel besser, als wenn die berüchtigte Wanderheuschrecke durchgezogen wäre. Tröstlich: Die argentinische Ameise beißt den Menschen nicht. Weniger tröstlich: Sie hat sich mittlerweile auch in Südeuropa angesiedelt, und bisher scheiterten sämtliche Versuche, das gefräßige Insekt unter Kontrolle zu bringen.

Wie überhaupt die Superkolonien kaum zu stoppen sind. »Es gibt nicht wirklich eine gute Art, sie zu bekämpfen«, betont Witte. »Wenn überhaupt, hilft die chemische Keule in Form von Insektiziden, aber auch diese wirken temporär nur sehr begrenzt.« Ist das Gift erst einmal im Boden abgebaut, gehen die Zahlen schnell wieder aufs Ausgangsniveau zurück, weil Ameisen aus der Umgebung nachziehen und sich rasend schnell vermehren. »Superkolonien haben unheimlich viele Königinnen«, so Witte. »Tausende von ihnen sitzen in unterirdischen Nestern und produzieren permanent Eier.« Letztlich sei es nur eine Frage der Nahrung, wieviel Nachwuchs die Tiere großziehen können – und an der mangelt es ja hierzulande nicht.

Das große Krabbeln

Unter Insekten, Spinnen, Asseln und sonstigen Krabbeltieren befinden sich besonders viele Profiteure der Klimaerwärmung und anderer, durch den Menschen verursachter Veränderungen auf der Welt. So können sie sich durch die globale Temperaturerhöhung leichter nach Norden ausbreiten, wo sie in der Regel mehr Nahrung finden als in ihrer ursprünglichen Heimat. Denn mag ein Dschungel auch noch so viel zu bieten haben – das Nahrungsangebot und der Müll einer Industriegesellschaft sind für exotische Arten wie etwa die argentinische Ameise erheblich attraktiver. Und sie muss sich auch nicht mehr sonderlich anstrengen, um ihr Territorium zu erweitern: Globaler Handel und Tourismus machen ihr das Reisen leicht. Egal, ob es sich um Früchte aus Südamerika oder Kies aus den Alpen, um den Reisebus nach Rumänien oder die Chartermaschine aus Thailand handelt: Sie taugen als Beförderungsmittel für jemanden, der klein genug ist, dass man ihn auf den ersten Blick nicht sieht.

Die Gliederfüßer profitieren außerdem von der zunehmenden Wärme, weil sie ihre Fortpflanzungsaktivitäten mobilisiert. Wie etwa beim Borkenkäfer, dessen Larven sich von den saftführenden Schichten eines Baumes ernähren, der dadurch nicht selten abstirbt. Früher produzierte das Insekt zwei Generationen pro Jahr, mittlerweile sind es drei oder – wenn es gut läuft – sogar vier. Was einerseits daran liegt, dass sich seine fortpflanzungsaktiven Zeiten durch die längeren Wärmeperioden verlängern, und anderseits daran, dass durch die milderen Winter ohne strengen Dauerfrost mehr Larven von ihm überleben. Im heißen Sommer 2006 kam es deshalb in Mitteleuropa zu einer regelrechten Explosion der Borkenkäferpopulation, die auf einen Baumbestand traf, der wiederum durch die Hitze und Trockenheit stark geschwächt war. Allein in Baden-Württemberg musste man zwei Millionen Kubikmeter Baumholz fällen.

Was aber geradezu wie eine Bagatelle wirkt, wenn man die Situation im gigantischen Holzland Kanada betrachtet. Dort vernichtete der Borkenkäfer im letzten Jahrzehnt ein Fünftel des Waldes von British Columbia. Das entspricht flächenmäßig fast der Hälfte Deutschlands. Solche Ausmaße werden dann auch wieder zu einem Klimaproblem. Denn je weniger Bäume da sind, umso weniger Wasser kann über die Blätter abgegeben werden und verdunsten. Dadurch bildet sich deutlich weniger Verdunstungskälte (die kennen wir vom Schwitzen), mit der Folge, dass die Flächen von British Columbia weniger zur Kühlung der Atmosphäre beitragen als früher. Sie strahlen ein Prozent mehr Wärme ab, was ungefähr einem Temperaturanstieg von einem Grad entspricht. Physiker gehen davon aus, dass diese Veränderungen bei einer solch großen Fläche ausreichen, den Klimawandel voranzutreiben. Was wiederum die Aktivitäten des Käfers weiter anfeuert, der dann wieder mehr Bäume vernichtet, was wieder die Klimaerwärmung vorantreibt. Besser kann es für ihn gar nicht laufen.

Im Frühsommer 2011 verpackten die Raupen der Gespinstmotte die deutschen Grünflächen in Watte. Verzweifelte Schrebergärtner versprühten literweise Schädlingsbekämpfungsmittel – ohne Erfolg, denn die Raupe reagiert schon nicht mehr darauf. Ähnliche Frusterlebnisse gab es ungefähr zeitgleich im Norden Deutschlands, als ein Millionenheer des Rapskäfers die Küsten unter seinem schwarzen und wuseligen Teppich stöhnen ließ. Auch er hat mittlerweile Resistenzen entwickelt, so dass die Agrarministerien im Eilverfahren neue Pestizide zu seiner Bekämpfung zuließen, damit er den Bauern nicht vollständig den Kohl wegfressen konnte. Was für 2011 auch halbwegs klappte. Doch das Käferproblem besteht nach wie vor.

Erst 2016 legte sich wieder ein schwarzer Krabbelteppich über die Küsten Schleswig-Holsteins. Die Kinder heulten, weil die Tiere in ihren Kakao fielen, und die Hotels und Restaurationsbetriebe beklagten das Ausbleiben von Touristen. Man rief wieder nach einer Eilzulassung für neue Pestizide, doch die ist erst mal vom Tisch. Nicht nur, weil man so etwas aus Rücksicht auf die Umwelt nicht immer wiederholen kann. Es gibt derzeit auch kein Gift mehr, von dem sich der Rapskäfer wirklich beeindrucken ließe. Er ist gegen so ziemlich alle marktüblichen Produkte resistent geworden. Sieht so aus, als hätte er das Wettrüsten mit den Labors der Chemieindustrie erst einmal gewonnen.

In Frankfurt hofft man hingegen noch. Dort sprüht ein Hubschrauber immer wieder ein Insektizid über die Grünanlagen, weil sich der Eichenprozessionsspinner in ihnen eingerichtet hat. Was nicht nur für Bäume ein Problem ist, sondern auch für den Menschen. Denn in seinem dritten Larvenstadium wachsen dem Insekt giftige Borsten, die schwere Allergien bis zum anaphylaktischen Schock auslösen können. Die Großstadt am Main hat seit 2008 große Probleme mit dem Tier, und seitdem kommt auch immer wieder ein Insektizid dagegen zum Einsatz. Es stammt aus biologischer Produktion und ist unschädlich für den Menschen. Aber offenbar auch ohne nachhaltigen Eindruck auf den Spinner, denn sonst müsste man die flächendeckenden Sprühaktionen nicht jedes Jahr wiederholen.

Zu einem weiteren Insektenproblem haben sich hierzulande die Wespen entwickelt. Die letzte große Plage gab es im Spätsommer 2015, und wie alle Wespenplagen zuvor verlief sie ausgesprochen ungemütlich, weil die Tiere schmerzhaft zustechen können. Akut wird die Bedrohungslage jedoch nur im Spätsommer, wenn sich Drohnen und neue Königinnen entwickelt haben. Dann werden aus den Arbeiterinnen arbeitslose Vagabunden, die nur noch für sich selbst auf Nahrungssuche gehen und dabei viel riskieren, weil sie ja nicht mehr gebraucht werden.

Das große Fressen

Noch durchschlagskräftiger sind jedoch die Insektenplagen, mit denen andere Kontinente immer mehr zu kämpfen haben. Wie etwa der Klassiker: der Kahlfraß der Wanderheuschrecken. Diese Tiere kommen in zwei Formen vor: einerseits solitär, dann leben sie allein; und andererseits gregär, dann schließen sie sich zu einem Schwarm zusammen, der marodierend über das Land zieht und alles Pflanzliche frisst, was ihm in den Weg kommt. Und das passiert immer dann, wenn genug Einzelgänger da sind, die sich gegenseitig an den Hinterbeinen berühren. Der Körper der Tiere schüttet dadurch vermehrt Serotonin aus, jene Substanz also, die sich beim Menschen den Titel »Glückshormon« erarbeitet hat. Ob sie auch die Heuschrecke glücklich macht, wissen wir nicht. In jedem Fall verwandelt sie sich durch das Hormon vom braven Dr. Jekyll in einen fresssüchtigen Mr. Hyde. Dass dies nicht übertrieben ist, sieht man schon am Farbwechsel der Jungtiere, denn sie wechseln vom Grashüpfer-Grün ins Wespen-Schwarz-Gelb. Was schon allein äußerlich signalisiert: Jetzt hört der Spaß auf.

Die Mr. Hydes rotten sich zu Schwärmen zusammen, die aus einer Milliarde Tieren bestehen können. Das entspricht einem Gewicht von 1500 Tonnen. Und da jedes einzelne Tier täglich Pflanzenmaterial in der Menge seines eigenen Körpergewichts in sich hineinstopft, kann man sich leicht ausmalen, was der Landwirtschaft dabei für Schäden entstehen. Nach Schätzungen der Welternährungsorganisation FAO vertilgt eine Tonne Heuschrecken am Tag so viel Nahrung wie 2500 Menschen. Was umgerechnet auf einen 1500-Tonnen-Schwarm über

3,5 Millionen Tonnen bedeutet, von denen ein Großteil – weil die Tiere sich ja gerne über Äcker hermachen – den Menschen auch tatsächlich weggenommen wird.

Jetzt sind marodierende Heuschrecken per se nichts Neues, denn immerhin haben sie es ja als Plage Nr. 8 in die Bibel geschafft. Neu ist aber die Heftigkeit, mit der sie derzeit überall auf der Welt zuschlagen. So wurde Madagaskar im Mai 2015 von der schlimmsten Heuschreckenplage seit sechzig Jahren heimgesucht, die rund vier Millionen Menschen ihre Nahrung kostete. Drei Monate später landete in Südrussland die Ernte von neunzigtausend Hektar Land im Insektenmagen, und dabei hatte man sich dort gerade mal von einem ähnlich heftigen Angriff vier Jahre zuvor erholt. In Argentinien gab es Anfang 2016 die schwerste Heuschreckenplage seit fünfzig Jahren. In Ägypten gab es zwar keine neuen Rekorde, doch dafür muss man sich in der Nähe Kairo dem Phänomen stellen, dass sich die Tiere für mehrere Monate im Schwarm zusammentun. Früher dauerte das nur ein paar Tage.

Die Heuschrecken profitieren einerseits vom Klimawandel, weil er ihre Fortpflanzungszeit verlängert. Andrerseits werden sie durch das expansive Territorialgebaren des Menschen mehr in die Enge getrieben, als dies früher der Fall war. Dadurch kommt es häufiger dazu, dass sich die Einzelgänger-Schrecken begegnen und an den Hinterbeinen berühren, was ihre Serotoninproduktion ankurbelt und sie zum Herdenungetüm macht. Übrigens hat dieser Persönlichkeitswandel natürlich seinen evolutionären Sinn. Die häufigen Kniekontakte bedeuten ja, dass relativ viele Heuschrecken auf engem Raum zusammen sind und sich gegenseitig Nahrung wegnehmen. Die naheliegende Reaktion: Man sieht sich nach neuen Nahrungsgefilden um, und weil man auf der Beuteliste von Vögeln und anderen Tieren steht, macht man das am besten in einer großen, martialisch aussehenden Truppe, die Respekt einflößt. Die Heuschreckenwanderungen sind also kein Versehen, sondern eine evolutionär sinnvolle Aktion, sie sichern das Überleben der Art. Was aber nicht auf dem Plan steht, dass der Mensch immer wieder massiv in solche Steuerungsmechanismen eingreift, so dass sie weit über das Ziel hinausschießen.

Das fehlgeschlagene Experiment

Dass man die sensiblen Regulationsprozesse der Natur nicht stören sollte, belegt auch die Schwammspinnerraupe, die im Sommer 2016 in Massachusetts mehrere hundert Quadratkilometer Wald entlaubte. Der Nachwuchs des eigentlich harmlosen Nachtfalters machte sich dabei sogar über Nadelbäume her, deren Blattwerk normalerweise nicht so schnell von Schädlingen gefressen wird. Wer in diesem Sommer durch die Wälder des US-amerikanischen Staates ging, fühlte sich an eine

Geisterwelt erinnert. Nicht nur, dass viele Bäume bereits völlig kahl waren und es vom Himmel her unappetitlich – nämlich die Exkremente der Raupen – regnete. In den kahlen Baumkronen sah man auch überall seidige Gespinste, die sich so unheimlich im Wind bewegten, als ob sie Stephen King dort angebracht hätte. Tatsächlich stammten sie aus der Produktion der Schmetterlingslarven. Sie nutzen nämlich die Seidengespinste als eine Art fliegender Teppich, der sie mit dem Wind überall im Land verteilt; zu neuen Wäldern, wo sie dann wieder die ganze Zeit fressen können.

In den letzten Jahren ist Massachusetts eigentlich von Raupenplagen verschont geblieben. Der Ausbruch 2016 kam in seiner Heftigkeit selbst für Experten überraschend. Denn eigentlich hatte man gehofft, das Problem erledigt zu haben. Doch um es mit Goethes Zauberlehrling zu sagen: So einfach wird man die Geister, die man rief, nicht mehr los.

Geholt wurden diese Geister im Jahr 1869. Der französische Insektenforscher Etienne Léopold Trouvelot hatte die Schwammspinnerraupen von Nordafrika nach Medford in Massachusetts gebracht, weil er testen wollte, ob sie zur Seidengewinnung taugen – und ob man dann mit ihrer Seide überhaupt einen Markt in den USA finden würde. Er dachte sich: Die Tiere einfach auf einem frei stehenden Baum aussetzen, das geht nicht. Denn nördlich von Boston kann es sehr viel kälter werden als in Nordafrika. Also hielt sich der Entomologe die Raupen auf seiner Fensterbank, wo sie prächtig gediehen – und schon bald ihre Seidengespinste auswarfen, um sich im Land auszubreiten. Ganz zu schweigen, dass jede Raupe sich irgendwann zu einem Schmetterling verwandelt, der fliegen kann. Und der auch in Massachusetts überleben kann. Der französische Insektenexperte hatte offenbar nicht gewusst oder unterschätzt, wie robust der Schwammspinner ist. Er kommt nämlich auch am Baikalsee vor, und der liegt in Sibirien. Dagegen ist Wetter in Massachusetts wie eine warme Sommerbrise.

Es dauerte keine zwanzig Jahre, und die USA hatten ihre erste Schwammspinner-Pest. Und dann folgten fast jedes Jahr weitere, weil es in der Neuen Welt keine Feinde für den Schmetterling und seinen Nachwuchs gab. Einige Vögel zeigten zwar kurzfristig Interesse, doch die Raupen haben abschreckende Warzenhaare, von denen einige auch einen üblen Brennreiz verursachen können. Sie konnten daher ihr Fraßwerk unbehelligt fortsetzen. Mit erheblichen Folgen, weil nicht alle Bäume überleben, wenn man sie im Frühsommer kurzerhand entlaubt. Gerade Eichen gehen daran oft zugrunde.

Das US-Landwirtschaftsministerium ernannte den Schwammspinner zu einem der schlimmsten tierischen Invasoren Nordamerikas. In den 1980ern bekämpfte man ihn mit Pestiziden, ohne durchschlagenden Erfolg. Doch ab 1986 änderte sich die Situation. Man setzte den japanischen Pilz Entomophaga maimaiga auf die Raupe an. Er hatte schon in seinem Heimatland durchschlagende Erfolge in der Bekämpfung des Schwammspinners erzielt, und so brauchte er auch in den USA nur ungefähr drei Jahre, bis Tausende von Schmetterlingslarven von den Bäumen fielen. Durch und durch infiziert mit Pilzsporen. Kein schöner Anblick, aber das Raupenproblem schien erledigt. Fortan gab es erst mal keine Plagen mehr.

Doch dann kam der Klimawandel dem Schwammspinner zur Hilfe. Es wurde wärmer, und vor allem wurde es trockener, was Pilze im Allgemeinen und Entomophaga maimaiga im Speziellen ganz und gar nicht mögen. Die Raupen konnten sich wieder besser entwickeln und Falter in die Welt entlassen, die wiederum neuen Nachwuchs zeugten. 2016 war es dann soweit: Der Schädling kehrte in Massachusetts mit aller Macht zurück. Und Ökologen befürchten, dass er sich auch auf andere Bundesstaaten stürzen wird. Kürzlich wurde er in Connecticut gesichtet, von dort ist es nicht mehr weit bis zum Central Park von New York.

Die Kopflaus: Napoleons größtes Waterloo

Weltweit gehen jährlich zweiundvierzig Prozent der zu erwartenden landwirtschaftlichen Ernten durch Schädlinge verloren. Was nicht nur einem Wertverlust von fast zweihundert Milliarden Dollar entspricht, sondern in vielen Ländern zu Hungersnöten führt. Hinzu kommen

Millionen kranker, verletzter und vernichteter Bäume, deren Wert man für die Umwelt nicht hoch genug schätzen kann. Künftig wird sich diese Situation vermutlich noch weiter verschärfen, insofern sich – trotz des massiven Einsatzes von Pestiziden und erbgutveränderten Agrarpflanzen – die Lebensbedingungen nach wie vor verbessern. Doch das gilt ja nicht nur für Gliederfüßer, die den Äckern, Wäldern und Parkanlagen zusetzen, sondern auch für jene, die dem Menschen direkt schaden und krank machen können.

Wie etwa die Kopflaus. Experten schätzen, dass bundesweit etwa jedes zweite Kind einmal im Leben von ihr heimgesucht wird. Oft ist die Panik groß, wenn sie sich in Schule oder Kindergarten breitgemacht hat. In anderen Ländern ist aber die Situation noch wesentlich dramatischer. So schätzt der französische Parasitologe Didier Raoult, dass in Entwicklungsländern vierzig bis achtzig Prozent aller Kinder ständig von dem Parasit befallen sind. Und selbst in Europa können es je nach Region über zwanzig Prozent sein. Mit steigender Tendenz. »Trotz vielerlei Mittel gegen den Lausbefall ist die Anzahl der Betroffenen weltweit gestiegen«, so Raoult. Der Grund: Die Tiere sind immer öfter resistent gegenüber Insektiziden.

So zeigen fünfzig bis siebzig Prozent von ihnen eine Resistenz gegenüber dem Insektizid Permethrin, einem Klassiker der Insektenbekämpfung. Vor diesem Hintergrund stört es die Laus auch nur wenig, dass sie nicht gerade ein Bewegungskünstler ist, denn im Vergleich zu anderen Insekten ist sie eher mäßig ausgerüstet. Sie kann beispielsweise im Unterschied zum Floh nicht springen, sondern nur krabbeln. Unter dem Mikroskop sieht es sogar ziemlich behäbig aus, wenn sie sich langsam Bein für Bein von einem Haar zum nächsten hangelt. Ihre größten Verbreitungserfolge feiert sie deshalb dort, wo sich Menschen nahe kommen und im wahrsten Sinne die Köpfe zusammenstecken, wie etwa in Kindergärten, Schulen, Schullandheimen, Jugendherbergen und überfüllten Flüchtlingsheimen. Wobei ihr zugutekommt, dass sie kiloschweren Druckbelastungen widerstehen kann, so dass man sie nicht mal eben in den Fingern zerquetschen kann. Außerdem kann sie ihre Panzerfarbe der Haarfarbe ihres Wirtes anpassen, so dass man sie nicht so schnell sieht. Die Laus punktet also eher durch Anpassungsfähigkeit, Robustheit und Geduld anstatt durch Tempo und Beweglichkeit. Aber das macht sie schon sehr lange, denn sie begleitet den Menschen und seine Vorfahren schon seit 5,5 Millionen Jahren.

Als Napoleons Truppen 1812 in Moskau einmarschierten, mussten sie binnen weniger Wochen ohne russische Kapitulation wieder abziehen. Der Rückmarsch wurde zum Desaster: Verwundungen und winterliche Temperaturen dezimierten die »Grande Armée«, und die Kopflaus gab ihr sozusagen den Rest, weil sie für eine Gelb- und Schützengrabenfieberepidemie sorgte. Ein Jahr nach Beginn des Feldzugs waren von den ursprünglich mehr als fünfhunderttausend Männern nur noch ganze dreitausend am Leben geblieben. Die winzige Kopflaus hatte eine der größten und maßgeblichsten Schlachten der Weltgeschichte zumindest mit entschieden und endgültig in eine Katastrophe münden lassen.

Nichtsdestoweniger spielt sie – trotz ihrer zunehmenden Verbreitung – als Krankheitserreger nicht mehr die überragende Rolle. Da ist die Zecke gerade hierzulande als viel gefährlicher einzuschätzen. Sie ist wegen Borreliose, FSME und über fünfzig anderer, durch sie übertragener Erkrankungen das gefährlichste Tier Deutschlands. Eine ihrer neusten Mitbringsel ist eine Bakterie namens Candidatus Neoehrlichia mikurensis, die ursprünglich in Japan entdeckte wurde. Im Großraum Zürich hat sie bereits fünf bis zehn Prozent aller Zecken befallen, und in deutschen Bergregionen findet sie ähnliche Lebensbedingungen wie in diesem eher »flachen« Teil der Schweiz. Der Keim verursacht die so genannte »Neoehrlichiose«, deren Symptome vom unspezifischen Unwohlsein bis zu Muskel- und Gelenkschmerzen sowie vierzig Grad Fieber reichen können. Bei Menschen jenseits der Fünfzig sowie bei Rheumakranken und Patienten, die Cortison und andere immunsuppressive Therapien erhalten, kann er zu lebensbedrohlichen Gefäßverschlüssen führen.

Problematisch an der Zecke ist aber nicht nur, dass sie viele Krankheiten übertragen kann, sondern auch, dass sie immer mehr Zeit dazu findet. Bisher hielt der zu den Milben zählenden Blutsauger meist von November bis

Ende Februar seine Winterruhe, doch Klimawandel und milde Winter machen ihn zunehmend zum ganzjährig aktiven Tier. Zudem hat er sich auf Höhen von elfhundert Meter über dem Meeresspiegel ausgebreitet, früher war bei siebenhundert Metern Schluss. Dadurch gehen natürlich auch die Infektionsquoten permanent nach oben. »Die langjährige Statistik zeigt, dass die FSME-Gefahr in den letzten Jahren kontinuierlich gestiegen ist, auch wenn es Jahresschwankungen gibt«, berichtet Ute Mackenstedt von der Universität Hohenheim.

Die Parasitologin warnt zudem, dass es im Freien praktisch kein Areal mehr gibt, wo man hundertprozentig sicher ist: »Wer aus der Haustür tritt, steht im Lebensraum der Zecken.« Mackenstedts Forscherteam hat Stuttgarter Gärten untersucht – und man fand nicht einen, der frei von den Parasiten gewesen wäre. Egal, ob Haus-, Obst- und Schrebergärten, egal, ob gepflegt oder ungepflegt. »Man kann einen Garten nicht zeckenfrei halten«, so Mackenstedt. »Einmal eingeschleppt, bilden sie stabile Populationen.«

Die Einstiche kommen näher

Möglicherweise wird den Zecken aber auch künftig eine Stechmücke den Rang als gefährlichstes Tier Deutschlands ablaufen. Denn im Hinblick auf die weltweite Wirkung ist es ihr schon längst gelungen. So überträgt die winzige Anophelesmücke den Erreger der Malaria, einen Einzeller aus der Gattung Plasmodium. Die Erkrankung fordert jede Minute zwei Tote, laut Weltgesundheitsorganisation sterben täglich dreitausend Kinder unter fünf Jahren an ihr. Sie führt über Fieberschübe, Schüttelfrost und Gliederschmerzen schließlich ins Koma und in den Tod, weil sie die roten Blutkörperchen zerstört. Eine Impfung gegen Plasmodium gibt es bisher nicht. Man kann sich eigentlich nur vor ihm schützen, indem man den Kontakt zur Anopheles-Mücke meidet. Doch das wird immer schwerer, weil die im Zuge des Klimawandels aktiver wird und sich stetig weiter ausbreitet.

Ein Forscherteam der University of Michigan hat in den hochliegenden Regionen Äthiopiens und Kolumbiens untersucht, wie sich unterschiedlich hohe Sommertemperaturen auf den Mückenbestand und die Verbreitung von Malaria auswirken. Dabei fand man eine eindeutige Korrelation: »Die Malaria bewegt sich immer weiter aufwärts, wenn ein Jahr wärmer ist.« Wenn die Temperaturen in den betroffenen Regionen auch nur um ein Grad anstiegen, kam es auf beiden Kontinenten zu Hunderttausenden mehr Malaria-Infektionen. Was freilich nicht nur an der Temperaturabhängigkeit der Mücke, sondern auch der des Erregers liegt. Denn auch der wird deutlich agiler und fortpflanzungsfreudiger, wenn es wärmer ist.

Immerhin scheint es der übertragenden Anopheles-Mücke bisher nicht zu gelingen, sich hierzulande festzusetzen. Es gibt zwar in Deutschland schon ein paar Varianten von ihr, doch die lieben eher Kühe als den Menschen und taugen nicht zum Übertragen von Malaria. Allzu sorglos sollte man allerdings nicht sein. Denn die Krankheit und ihr Überträger waren schon einmal hier zuhause, das bekannteste Opfer ist Friedrich Schiller, der sich das Fieber in Mannheim holte. Als ausgebildeter Arzt behandelte er sich selbst mit Chinarinde, wobei er jedoch die Dosierung so hoch wählte (»Ich fraß sie wie Brot«), dass sein Darm ramponiert wurde und sich nie mehr ganz erholen sollte.

Weitaus problematischer scheint jedoch eine andere Stechmücke zu sein: die ägyptische Tigermücke, Aedes aegyptii. Sie machte Ende 2015 bis Anfang 2016 von sich reden, weil sie neben Gelb- und Dengue-Fieber auch die Zica-Erkrankung übertragen kann, die bei Neugeborenen zu schweren Missbildungen des Gehirns führen kann. Rund 1,5 Millionen Menschen sollen zu dieser Zeit allein in Brasilien davon infiziert gewesen sein, die Mücke hatte also ganze Arbeit geleistet. Noch bevorzugt sie als Aufenthaltsorte die Tropen – doch das wird sich wohl bald ändern.

»Sie kann den Menschen gut aufspüren – und sie liebt es, ihn zu stechen.« So antwortet Seuchenexperte Alain Kohl von der Universität Glasgow, wenn man ihn auf die speziellen Qualitäten der Tigermücke anspricht. Doch schon ihr Name verrät, dass sie wohl noch einiges mehr kann. Denn ihr Hauptwohnort ist längst nicht mehr nur

Ägypten, sie ist mittlerweile Kosmopolit. Neben Afrika, Asien und Südamerika gehört jetzt auch der Westpazifik zu ihrem Einzugsgebiet, wo es mittlerweile auch die ersten Zica-Fälle gab. Der Mücke expandierte vermutlich über den weltweiten Handel mit Altreifen, weil sich bei deren Transport und Lagerung kleine Pfützen bilden, in denen sie ihre Eier ablegen kann. Aber dass sie sich in ihren neuen Wohnorten auch festsetzen konnte, verdankt sie ihren ausgeklügelten Überlebensstrategien.

So achten die Mückenweibchen schon bei der Eiablage darauf, ihrem Nachwuchs die besten Startbedingungen zu verschaffen. Denn die ausschlüpfenden Larven lieben seichte Tümpel, in denen sie faulende Blätter oder andere verrottende Substanzen finden, die sie leicht verdauen können. Bei den Fäulnisprozessen entstehen durch Bakterien so genannte Kairomone – und genau diese Stoffe stimulieren die Mückenmütter unwiderstehlich zur Eiablage. »Klares Wasser ist für sie uninteressant«, erklärt der US-amerikanische Biologe Loganathan Ponnusamy, »aber auf einem Tümpel mit faulenden Blättern fangen sie sofort an, ihre Eier abzulegen.«

Vorausgesetzt, dass der Kairomon-Duft nicht zu intensiv ist. Denn falls im Wasser zu viel Mist verrottet und der Tümpel biologisch umkippt, wäre das ja für die Larven ein Todesurteil. Also hält in diesem Fall das Mücken-Weibchen die Eiablage zurück, um sich ein neues Gewässer mit dem richtigen Fäulnisaroma zu suchen.

Ein genialer Schachzug, der die Überlebenschancen des Nachwuchses deutlich erhöht.

Wenn die Larven schlüpfen, zeigen sie sich ähnlich flexibel wie ihre Mutter. Sie häuten sich insgesamt vier Mal, um sich dann zu einer Puppe zu verwandeln, aus der schließlich die erwachsene Mücke herausfliegt. Bei warmem Wetter dauert der komplette Umwandlungsprozess etwa zehn Tage, doch wenn es kalt wird, kann er auch auf mehrere Monate ausgedehnt werden, ohne dass dabei ein Tier zu Tode kommen muss. Die ägyptische Tigermücke braucht also nicht unbedingt tropische Bedingungen für ihre Fortpflanzung – und deswegen könnte sie, nicht zuletzt in Anbetracht des laufenden Klimawandels, auch in unseren Breiten heimisch werden.

Britische Forscher haben ausgerechnet, dass man bereits in zwanzig bis dreißig Jahren erste nennenswerte Bestände – so genannte »Hot Spots« – der Stechinsekten in Süddeutschland finden wird. Und in unseren beliebten Urlaubsorten in Spanien werden sie sogar zur Plage werden.

Wer glaubt, wenigstens in der asphaltierten und betonierten Großstadt seine Ruhe vor der Problem-Mücke zu haben, muss enttäuscht werden. Denn Alain Kohl hat feststellen müssen, dass sie sich bestens an das urbane Leben angepasst hat. Die Tiere nutzen mittlerweile jede kleine Vasen-, Blumentopf- oder Regenrinnenpfütze zur Fortpflanzung. »Danach verstecken sie sich im Haus«, erläutert der schottische Infektionsmediziner. »Und dort passieren dann meistens auch die Stiche.« Während also die mitteleuropäischen Mücken lieber im Freien arbeiten, geht ihr ägyptischer Artgenosse gezielt dorthin, wo seine Opfer sind.

Gründe genug also, etwas gegen seine Invasion zu unternehmen. In Brasilien rückten ihm zweihundertzwanzigtausend Soldaten mit Pestiziden zu Leibe, was aber auch andere Insekten eliminierte und in absehbarer Zeit resistente Tigermücken hervorbringen wird. Weniger Nebenwirkungen hätte es, wenn man den Mücken gentechnisch veränderte Männchen unterjubeln würde, deren Nachkommen bereits im Larven- oder Puppenstadium absterben. Doch bisher ist dieses Verfahren nicht über den Feldversuch hinausgekommen, obwohl es von der Gates-Stiftung unterstützt wird.

Zudem sieht es derzeit so aus, als würden sich unterschiedliche Mückenstämme genetisch verbünden und dadurch ihre Widerstandsfähigkeit und Schlagkraft verbessern. Forscher von der Veterinärmedizinischen Universität Wien haben eine Kreuzung zweier Formen der Gemeinen Stechmücke Culex pipiens entdeckt, die dafür sorgen könnte, dass wir demnächst tatsächlich von Krankheiten ergriffen werden, die man bislang nur bei Vögeln beobachtet hat. Denn von Culex pipiens gibt es zwei Unterformen: Die eine pflanzt sich in einem Hochzeitsschwarm fort und braucht vor der ersten Eiablage eine Blutmahlzeit als Proteinzufuhr, außerdem zieht sie sich im Winter zurück. Die andere hingegen bevorzugt das Blut von Säugern und Menschen, pflanzt sich in Einzelpaarungen fort und ruht im Winter nicht. Bisher dachte man, dass sich beide nicht sonderlich füreinander interessieren; so wie wir Menschen uns ja auch nicht vorstellen können, Sex mit einem Neandertaler zu haben. Trotzdem muss es irgendwann mal zwischen ihm und uns gefunkt haben, denn es gibt Gene von ihm in unserem Erbgut. Und so haben offenbar auch die beiden Mückenstämme zueinander gefunden.

Das Forscherteam um Carina Zittra entdeckte nämlich im Osten Österreichs einen Hybriden, also eine genetische Mischform von ihnen. Noch ist nicht klar, wie sich ihre Merkmale miteinander kombiniert haben. Aber genetische Vermischungen werden schon ihre Wirkung auf das Verhalten der Tiere zeigen. Die Forscher halten es deshalb für wahrscheinlich, dass die neuen Mücken gleichermaßen das Blut von Vögeln und Menschen mögen und dadurch Erreger unter ihnen austauschen könnten. »Es besteht die Gefahr, dass sie zu sogenannten Brückenvektoren werden«, warnt Veterinärmedizinerin Zittra. Die Mücken könnten also beispielsweise Erreger wie das West-Nil-Virus von Vögeln auf Säuger übertragen. Und wenn man sich dann noch vorstellt, dass sie in Hochzeitsschwärmen übers Land ziehen und den Winter ohne Pause durchmachen können, trägt das nicht gerade zur Beruhigung bei.

Es bleibt eben dabei: Wir können uns im Kampf gegen

die uns verhassten Vertreter des Tierreichs noch so anstrengen – sie werden nicht nur eine Antwort darauf finden, sondern uns immer wieder mit neuen Tricks über-
raschen, auf die *wir* keine Antwort haben. Besser also,
wir verabschieden uns von diesem Kampf, um mit diesen Geschöpfen zu einem verträglichen Zusammenleben zu kommen. Oder wenigstens zu einem einver-
nehmlichen Nebeneinander. Wir müssen sie ja nicht
lieben. Es reicht schon, sie nicht zu hassen und ihnen
den Platz auf der Welt zu geben, der ihnen zusteht.

9 Partner statt Untertan: Wie Mensch und Tier zusammenleben können

Zahlreiche Beispiele, Fakten und Zahlen geben deutliche Hinweise darauf: Mensch und Tiere geraten immer mehr aneinander. Gerade die Human-Wildlife-Conflicts (Mensch-Wildtier-Konflikte) nehmen offenbar zu, wobei wir unter dieser Kategorie auch die Konflikte mit jenen Tieren verstehen, die als Ex-Domestizierte wieder in freier Wildbahn aktiv sind – wie etwa die Stray Dogs in Moskau, die Sittiche auf der Düsseldorfer Kö und die herrenlosen Streunerkatzen in Australien. Genaue Zahlen und damit Beweise zum Gesamtanstieg der Mensch-Tier-Konflikte haben wir freilich nicht, denn dazu müssten wir nicht nur eine aktuelle Bestandsaufnahme, sondern auch Daten aus der Vergangenheit haben. Aber die Indizienlage dazu ist erdrückend, wie wir in den Kapiteln zuvor gesehen haben.

Bekämpfen ist teuer und meistens chancenlos

Wir haben außerdem gesehen, wie schwer es oft ist, diese Konflikte zu lösen. Radikale Vernichtungsmaßnahmen zeigen meisten keine oder nur begrenzte Erfolge. So waren die Ratten von Henderson Island schon nahezu verschwunden, nachdem man sie kiloweise mit vergifteten Ködern attackiert hatte. Doch am Ende kamen sie wieder, und weil sie mittlerweile resistent gegen das Gift geworden sind, muss man sich jetzt nach einer anderen Bekämpfungsmethode umsehen.

In Moskau haben militante Dog-Hunter mit Vernichtungsaktionen gegen die Hunde begonnen, neben Knüppeln und Gewehren kommen dabei ebenfalls Gifte zum Einsatz. Mit der Konsequenz, dass die Tiere misstrauischer und aggressiver gegenüber dem Menschen geworden sind, aber eine Reduktion des Bestandes nicht einmal ansatzweise zu sehen ist.

Oft kommt es durch massive Vernichtungsaktionen auch nur zu einer Verschiebung der Probleme. So wurde Pakistan vor einigen Jahren von einer Geierplage heimgesucht. Sie hatte sich entwickelt, weil das Land immer mehr Müll produzierte und zunehmend Vieh-, vor allem Rinderzucht betrieb. Im kargen Hochland von Pakistan war das jedoch nicht einfach, viele Tiere blieben dabei auf der Strecke – und ihre Kadaver füllten die Mägen der Geier. Mit der Folge, dass sich die Vögel massiv vermehrten, bis sie so viele waren, dass ihnen die Kadaver nicht mehr reichten und sie sich an den lebenden Jungtieren der Viehherden bedienten. Klar, dass sie dadurch die Farmer in Rage brachten. Doch die machten eine Entdeckung: dass nämlich ein Geier beinahe umgehend an

Niereninsuffizienz stirbt, wenn er ein Rind frisst, das mit dem Entzündungshemmer Diclofenac behandelt worden ist. Also wurde das Vieh künftig flächendeckend mit dem Medikament gefüttert, auch wenn medizinisch gar keine Notwendigkeit bestand.

Das listige Manöver schlug sofort an. Es dauerte nicht einmal ein Jahr, und die Geierpopulation war um neunundneunzig Prozent geschrumpft. Die Farmer freuten sich. Doch das währte nicht lange. Denn mit dem Verschwinden der furchteinflößenden Vögel kamen immer mehr Wildhunde, die deren Rolle als Aasfresser übernahmen, nur dass ihnen Diclofenac praktisch nichts ausmachte. Und sofern nicht genug Kadaver da waren, fraßen sie auch kein Jungvieh, sondern sie suchten in den Dörfern nach Alternativnahrung. Was den Bewohnern gar nicht gefiel. Und die Hunde blieben ja als ungebetene Besucher nicht allein! Denn seit kurzem hat man es in den Dörfern auch mit Schneeleoparden zu tun, die einen Wildhund als ebenso schmackhafte wie leicht zu erlegende Beute betrachten. Und wenn ihnen der entwischt oder mal keiner parat ist, machen sie sich über die Zweibeiner des Dorfes her. Seitdem sehnt man sich in Pakistan wieder zu den Geiern zurück.

In Indien ist die Gemütslage ähnlich. Dort werden zwar Rinder wegen ihrer religiös begründeten Unantastbarkeit nur wegen ihrer Milch gehalten, aber Diclofenac kommt dort auch zum Einsatz und damit auch in die Kadaver, so dass es praktisch keine Geier mehr gibt. Mit der Folge, dass sich jetzt die Ratten und Straßenhunde um das verendete Vieh kümmern. Seitdem explodieren in Indien wieder die Seuchen. Jährlich sterben dort rund zwanzigtausend Menschen an Tollwut, was in der Welt ein absoluter Spitzenwert ist – und das liegt nicht zuletzt am Verschwinden der Geier.

Immerhin hat man wenigstens in Südostasien reagiert und Diclofenac in der Viehzucht verboten. In den EU-Ländern Spanien und Italien will man davon jedoch nichts wissen – mit der Folge, dass sich dort pakistanisch-indische Verhältnisse eingestellt haben und neben Geiern auch immer mehr Adler von der Bildfläche verschwinden. Naturschützer haben jetzt spezielle Futterstellen mit abgehangenem, diclofenacfreiem Fleisch eingerichtet. Sozusagen Kadaver-Bistros, an den sich die Vögel bedienen können. Aber an der Gesamtsituation für die Vögel ändert sich dadurch nichts.

Der Kampf gegen unliebsame Tiere mündet also oft in der Niederlage. Oder aber er wird so teuer, dass ihn sich nicht jeder leisten kann. Wie groß der Aufwand beim Eliminieren einer Tierart sein kann, zeigt das Beispiel von Kapiti, einer Insel westlich der Nordinsel von Neuseeland. Dort hatten Ratten fast schon den kompletten Vogel- und Echsenbestand eliminiert und bei der Maori-Bevölkerung ernsthafte Auswandergedanken aufkeimen lassen, als sich die neuseeländischen Behörden 1996 zu einem ausgeklügelten Vernichtungsprogramm entschlossen. Zunächst hatte man einfache Köderfallen aufstellen wollen, doch dann erkannte man, dass die zwar von der Wanderratte, nicht aber von der polynesischen Ratte aufgesucht wurden, die man ebenfalls vernichten wollte. Dies würde am Ende bedeuten, dass man mit der Fallenaktion sogar eine Rattenpopulation stärken würde, weil man deren Konkurrenten ausgeschaltet hatte. Also musste man sich etwas anderes überlegen.

Man beschloss, wie auf Henderson Island überall auf der Insel vergiftete Köder auszulegen. Teilweise geschah das mit Hubschraubern aus der Luft, teilweise aber auch per Hand auf dem Boden, denn bei dichteren Wald-decken würden die Giftköder möglicherweise im Geäst hängen bleiben, wo sich dann andere Tiere darüber her-machen könnten. Wie überhaupt sichergestellt werden musste, dass niemand anders außer den Ratten an die Köder ging. Dazu gehörte, die Maori über die Aktion auf-zuklären. Und viele Vögel erlebten nach ihrem Ratten-Trauma gleich noch ein Menschen-Trauma, denn sie wurden eingefangen und in Schutzgehegen eingesperrt, damit sie nicht an Ködern oder vergifteten Rattenkada-vern naschen konnten. Was natürlich wieder Geld und Personal erforderte. Nicht nur für den Fang, sondern auch für die anschließende Versorgung. Und die musste man länger gewährleisten als ursprünglich vorgesehen.

Denn die Ratten starben zwar wie die Fliegen, doch sie vermehrten sich daraufhin auch wie die Kaninchen. Das machen sie eigentlich immer so, wenn man ihnen ans Fell geht. Statt einer Vergiftungswelle mussten mehrere durchgeführt werden. Die Aktion dauerte dadurch über ein Jahr, und währenddessen mussten die einkasernierten Vögel versorgt und die Maori auf eingeschleppte Kräuter und Tiere untersucht werden, wenn sie nach einer Reise auf die Insel zurückkehrten. Am Ende galt es, die vergifteten Köder und Kadaver einzusammeln und zu entsorgen, und sicherheitshalber bezog man bei der Suche auch noch die Küstengewässer mit ein.

Schließlich waren mehr als hundert Arbeitskräfte im Einsatz gewesen. Über die Kosten schwieg man sich aus, und das vermutlich aus gutem Grund. Denn auch wenn viele der Helfer ehrenamtlich gearbeitet hatten, dürfte die Aktion mehrere Millionen Dollar gekostet haben, allein schon wegen der Helikopter-Einsätze und Giftköder sowie der Tierversorgung und umfangreichen Technik, um ständig die Population der Ratten, aber auch die der einheimischen Tiere überprüfen zu können. Und das alles für die Entrattung einer gerade mal zwanzig Quadratkilometer großen Insel, was ungefähr einem Zehntel der Größe von Wiesbaden entspricht! Dies konnte man nur stemmen, weil Neuseeland verhältnismäßig reich ist und man dort finanzkräftige Sponsoren findet. Für andere Länder mit ähnlichen Human-Wildlife-Problemen wie etwa die Philippinen sind solche Aktionen undenkbar.

Immerhin: Auf Kapiti sind keine Ratten mehr gesichtet worden. Zwar reduzierte sich zunächst auch der Bestand diverser einheimischer Tiere, weil vermutlich noch Giftrückstände auf der Insel waren und sich die Gefangenen nach ihrer Freilassung wieder ans natürliche Wildleben gewöhnen mussten. Doch seit einigen Jahren ist Kapiti wieder ein richtiges Vorzeigeparadies mit bunter, ursprünglicher Fauna. Weswegen die Leiterin der Aktion, Raewyn Empson vom Department of Conservation in Wellington, insgesamt zu einem positiven Fazit kommt. Auch wenn sie zugeben muss, dass man noch lange nicht auf der sicheren Seite ist, wenn man keine Ratte mehr *sieht*. Denn Unsichtbarkeit begründet das Erfolgsgeheimnis dieser Tiere.

So hat Empson kurz nach Kapiti erfahren müssen, wie vergänglich ein Sieg gegen Ratten sein kann. Man übertrug ihr nämlich in Wellington die Aufgabe, die Naturschutzinsel Karori Wildlife Sanctuary von nicht-einheimischen Tieren wie etwa Ratte, Frettchen, Wiesel, Hund und Katze zu befreien. Dazu ließ sie 1999 auch einen knapp neun Kilometer langen Schutzzaun errichten, damit keine unerwünschten Tiere vom nahen Festland nachrücken konnten. Lange Zeit ging alles gut, mit Ausnahme einiger harmloser Hausmäuse gelang keinem anderen Alien die Rückkehr auf das Eiland. Doch 2008 tauchten wieder Ratten und Wiesel auf. »Vermutlich sind sie auf einem abgeknickten Baum über den Zaun geklettert oder mit den Touristen aufs Gelände gekommen«, so die neuseeländische Ökologin. Möglicherweise nahmen sie aber auch einen ganz anderen Weg. »Bei diesen Tieren weiß man nie genau, *wie* sie irgendwo hinkommen«, erläutert Empson. »Aber man kann sicher sein, *dass* sie es irgendwann einmal schaffen.«

Am besten löst man Plagen und Mensch-Tier-Konflikte, indem man sich arrangiert und dabei möglichst alle Faktoren berücksichtigt, die in dem Konflikt eine Rolle spielen. So wie in Basel, wo man nach katastrophalen Erfahrungen mit groß angelegten Vernichtungsaktionen einerseits dazu überging, den Tauben bestimmte Reviere zuzuweisen, andererseits aber auch die vielen menschlichen Taubenfütterer der Stadt erzog, kein Brot oder anderes Futter mehr zu verteilen. Zusätzlich wurden den Beständen gezielt Tiere entnommen, wie im Fachjargon von Ökologen gerne das nicht auf Totalelimination gerichtete Töten genannt wird und von dem man der Öffentlichkeit lieber nichts erzählte, um nicht wieder deren Fütterungsambitionen zu entfachen. Seitdem kann von einer Plage keine Rede mehr sein, der Taubenbestand hat ebenso erträgliche wie stabile Dimensionen angenommen. Doch Basel ist keine Millionenmetropole wie etwa Montevideo und Peking, wo immer noch Hunderttausende der Tiere für Dreck und Ärger sorgen. Und vor allem sind Tauben keine Ratten, die sich erstens keine Distrikte zuweisen lassen und zweitens unabhängig von Fütterungen durch den Menschen sind. Denn sie leben von dessen Müll, auf den allein in Deutschland Jahr für Jahr über achtzehn Millionen Tonnen Lebensmittel landen. Das sind pro Sekunde 313 Kilogramm. Für die Ratten ist also gesorgt.

Der Kampf gegen missliebige Tiere ist also teuer und aufwändig, und die Chancen auf einen Sieg stehen in der Regel schlecht. Besser, man lässt es gar nicht erst zu Konflikten kommen. Die dazu erforderlichen Maßnahmen sind allerdings vielschichtig, und ihr Umsetzen in die Realität oft schwierig.

Stoppt die Wanderung der Invasoren! Doch wie?

Viele Mensch-Tier-Konflikte entstehen dadurch, dass Tiere in Gebiete vordringen, in denen sie ursprünglich nicht zu Hause sind. Gerade Gebiete mit Insellage wie etwa Australien, Neuseeland und Madagaskar hatten und haben immer wieder große Probleme mit Invasoren, die das gewachsene Öko-Gefüge auseinanderreißen, angestammte Arten verdrängen und schließlich auch zum Ärgernis oder sogar zur Bedrohung für den Menschen werden. Diese Probleme würden sehr viel von ihrer Brisanz verlieren, wenn es gelänge, die globalen Tierwanderungen zu stoppen. Doch ist das überhaupt realisierbar?

Mittlerweile gibt es zwar auf der Welt kaum noch ein Land, das die Einfuhr fremder Lebewesen uneingeschränkt durchwinkt. Doch der *bewusste* Import ist ja nicht die Hauptursache des Invasorenproblems. Die Verschleppung fremder Arten geschieht mittlerweile eher unbeabsichtigt, durch weltweiten Handel und Tourismus. Niemand kann verhindern, dass sich im Reisegepäck Mücken, Spinnen und andere Gliederfüßer verstecken und dort – nicht zuletzt wegen der immer kürzer werdenden Reisezeiten – überleben können, bis sie die Fremde erreicht haben. Auch in der Auto-Schiffsladung aus Mexiko können neben unzähligen Pflanzensamen diverse Insekten und andere Kleintiere stecken. Beispielsweise im Reifenprofil und in den Karosserie-Ritzen der Fahrzeuge, und dies umso mehr, je länger die Autos irgendwo im Freien auf ihren Abtransport gewartet haben. Klar, man könnte Zertifikate einführen, die etwa bescheinigen, dass die Autos vor dem Verladen gewaschen wurden. Doch entsprechende Gesetze sind derzeit kaum vermittel- und schon gar nicht durchsetzbar.

Einige Länder wie Indien, Australien und Neuseeland schreiben mittlerweile vor, dass bei Fernflügen in ihr Land die Stewardessen durch die Gänge gehen – und Insektizide über die Reisenden versprühen. Ob sie dabei wirklich alle Krabbeltiere erwischen und ihr Land vor dem Einschleppen von Krankheiten schützen, ist fraglich. Ganz zu schweigen davon, dass einigen Passagieren unter dem Giftnebel speiübel wird.

Tatsache ist, dass sich die Verbreitung invasiverer Arten über eine Kontrolle des weltweiten Personen- und Warenverkehrs nicht stoppen lässt, ohne diesen stark einzuschränken und zu reglementieren. Das aber wollen die wenigsten. Erstens, weil solche Maßnahmen sehr viel Geld kosten. Und zweitens, weil sich die Menschen an ihre grenzüberschreitende Mobilität und an exotische Waren im Supermarkt gewöhnt haben und sie nicht mehr missen wollen. Bleibt also noch die Möglichkeit, die Tiere, wenn sie erst einmal gelandet sind, daran zu hindern, sich an ihrem neuen Ziel durchzusetzen.

Es gab mal Zeiten, da war das kein sonderliches Problem. Man konnte sich in dieser Hinsicht auf das Klima verlassen. Wenn etwa Mücken von Brasilien nach Deutschland kamen, sorgte die hiesige Witterung in der Regel schon dafür, dass sie eingingen und das Invasorenproblem bereits im Keim erledigt war. Doch das ist – im wahrsten Sinne – Schnee von gestern. Denn die Klimaerwärmung hat dafür gesorgt, dass exotische Arten zumindest im Hinblick auf das Wetter keine Probleme mehr haben, sich auch in Freiburg oder Köln zu behaupten. Viele von ihnen spüren vermutlich sogar eine gewisse Erleichterung darüber, ihrer mittlerweile überhitzten Heimat entkommen zu sein, um dafür in gemäßigten Zonen leben zu können, die ja gar nicht mehr so gemäßigt sind, sondern auf dem Weg sind, zu einer Light-Version der Tropen zu werden.

Wie weit der Klimawandel das Verbreiten der Arten fördert, zeigt das Beispiel der Antarktis. Dort wachsen – vor allem auf der westlichen Halbinsel – mittlerweile reihenweise Pflanzen, die bisher nur in Regionen wuchsen, die mehrere hundert Kilometer entfernt sind. Eingeschleppt wurden sie von Touristen und Forschern. Ein internationales Forscherteam hat ausgerechnet, dass allein im Jahr 2007/2008 rund vierzigtausend Besucher (davon dreiunddreißigtausend Touristen) in der Antarktis zu Besuch waren, die mehr als dreihunderttausend Samen ins ewige Eis brachten. Und weil das Eis nicht mehr ganz so ewig ist, konnte sich ein Teil davon festsetzen. Bei den Tieren war die Quote niedriger, aber zwei Spezies haben den Sprung in die Antarktis auch schon geschafft. Nämlich zwei Springschwanzarten, die andernorts schon öfter komplette Öko-Systeme durcheinandergebracht haben. Jetzt können sie sich am Südpol versuchen.

Die Kombination aus globalem Tourismus und Klimawandel gehört zu den wesentlichen Ursachen dafür, dass wir uns mehr tierischen Invasionen gegenüber sehen als je zuvor. Der Tourismus sorgt dafür, dass Tiere in Gebiete gelangen, wo sie sonst nicht ohne weiteres hinkommen würden; und der Klimawandel macht dort den Deckel zu, indem er den tierischen Wanderern dabei hilft, sich in ihren neuen Gefilden durchzusetzen. Ganz zu schweigen davon, dass er auch diverse Wanderungsbewegungen in Gang setzt, indem er Tieren das Leben in ihrem angestammten Areal unmöglich macht, so dass sie nach Alternativen suchen müssen.

Zu einer ernsthaften Bewältigung tierischer Invasionen und damit einhergehender Konflikte würde also auch gehören, die Klimaerwärmung zu stoppen. Dass dies nicht einfach ist, wissen wir alle. Aber der größte

Fehler wäre, ihn zu leugnen und ihn beispielsweise als Erfindung der Chinesen abzukanzeln, mit der sie den Verkauf ihrer Windräder ankurbeln wollen. Der Klimawandel läuft, und die weltweiten Tier- und Pflanzeninvasionen sind nicht nur seine unmittelbare Folge, sondern einer von vielen Faktoren, die ihn beweisen. Denn vor fünfzig Jahren wären Springschwänze in der Antarktis einfach eingefroren oder verhungert.

Der richtige Komfort- und Abschreckungs-Mix

Warum verschlägt es immer mehr Krähen in die Stadt? Warum lassen sich Graureiher auf den Bürgersteigen von Amsterdam füttern, anstatt sich ihren Fisch aus den Weihern und Flüssen der Natur zu holen, wie es eigentlich für sie vorgesehen ist? Warum verschlafen zwanzigtausend Flughunde ihre Tage nahe der Skyline von Sydney, anstatt im Dschungel der Tamborine Mountains von den Bäumen zu hängen, wo sie eigentlich herkommen? Warum lassen sich die Bindenwarane von den Bewohnern Bangkoks als »Drecksviecher« beschimpfen, anstatt in ihrem angestammten Habitat, dem Dschungel von Thailand, auf Fischjagd zu gehen? Die Antwort auf all diese Fragen ist einfach: Weil es ihnen in ihrer ursprünglichen Heimat schlechter ergeht als in ihrem neuen Zuhause.

Wenn man uns zuhause den Kühlschrank und das Wohnzimmer leer räumen und überall Insektenspray versprühen würde, hätten wir vermutlich keine große Lust mehr, dort wohnen zu bleiben. Und was würde uns noch in einem Stadtteil halten, wo es keine Spielplätze, Schulen, Supermärkte, Wohnungen und ungefährdete Wege zum Spaziergang mehr gibt? Nichts. Und wer will schon dort leben, wo er niemanden für den Sex findet? Niemand. Und genau deshalb kommen uns immer mehr Tiere viel näher, als es uns lieb ist.

Denn die Expansion des Menschen hat dazu geführt, dass die Lebensräume vieler Tierarten dramatisch kleiner geworden sind. Egal, ob Wilderei, Ackerbau, Viehzucht, Städte- und Straßenbau, Müll, Abholzung, saurer Regen, Pestizide, Treibhausgase sowie vergiftete Gewässer und andere Umweltverschmutzungen: Sie alle sorgen dafür, dass Tiere und Pflanzen immer weniger Platz für sich haben. Viele knicken unter diesem Druck ein, das Artensterben ist in vollem Gange. Doch einige machen sich auf, um nach neuen Plätzen zu suchen, wo sie bessere Lebensbedingungen finden. Auch dabei gehen wieder viele zugrunde; doch einige, die besonders anpassungsfähigen Arten, bewältigen dieses Wagnis mit Bravour.

Sie entdecken, dass die menschliche Welt nicht nur Bedrohung sein, sondern auch Vorteile haben kann. Sie lernen, wie man sich Futter von Mülltonnen, Abfalldeponien, gelben Säcken oder mildtätigen Zweibeinern holen und sich Schlaf- und Nistplätze unter Dächern und Brücken, in Parkanlagen, Schiffen, Belüftungsschächten, Matratzen, Teppichen, Parkettböden sowie verlassenen Bunkern und Atomkraftwerken einrichten kann. Außerdem stellen sie fest: In den neuen Lebensräumen gibt es oft die alten Feinde nicht mehr, weil die sich nicht trauen oder es nicht schaffen, ihrer Beute in die neuen Habitate zu folgen. Stattdessen trifft man immer mehr Artgenossen, mit denen man Spaß und beispielsweise Sex haben kann. Mit anderen Worten: Es gibt nur wenige Feinde, dafür aber viel Sex, Entertainment, Nahrung und Wohnkomfort. Für ein Tier kann es praktisch nichts Schöneres geben. Und wenn wir ehrlich sind, ist es ja bei uns nicht viel anders.

Warum sollte man sich nun aus diesem Paradies ohne weiteres vertreiben lassen? Es liegt auf der Hand, dass Tiere sich dagegen wehren. Oder aber irgendwo hin gehen, wo es ähnliche Bedingungen gibt. So haben es beispielsweise die Flughunde in Sydney gemacht. Man hatte ihnen Säcke mit Python-Stuhlgang in die Bäume gehängt, sie mit Lautsprecher- und Baulärm zugedröhnt, die Hunde auf sie gehetzt, und am Ende war durch eine lange Dürre noch der Futternotstand ausgebrochen, so dass es ihnen schließlich zu bunt wurde und sie in eine andere Stadt zogen. Fünf Stunden südlich von Sydney: Batemans Bay. Dort gefällt es den Flughunden. Ihre Population hat sich bereits auf hunderttausend Exemplare erhöht, und in dem Ort leben gerade mal elftausend

Menschen, die sich darüber ärgern, dass ihnen die Großstädter von Sydney diese Plage eingebrockt haben.

In jedem Falle denken die Flughunde nicht daran, sich wieder zu ihrer ursprünglichen Heimat im Norden zu begeben. Warum auch? Denn dort wurden sie vertrieben. Man holzte die Wälder ab, und das, was übrig blieb, wurde von Straßen durchschnitten. Die Flughunde machten daraufhin die Flatter, und kaum jemand weinte ihnen eine Träne nach. Okay, sie selbst werden sich daran wohl nicht mehr unbedingt erinnern. Denn unter den smarten Fledermäusen gelten Flughunde eher als Einfaltspinsel. Ganz zu schweigen davon, dass Tiere generell – im Unterschied zum Menschen – unbelastet von einem historischen Bewusstsein sind und deshalb keinen Gedanken an das Unrecht verschwenden, das ihren Ahnen widerfuhr. Aber die australischen Flughunde erkannten auf ihrer Flucht, dass Städte ihnen eine gute Heimat sein können. Denn dort holzte man nicht so schnell die Bäume ab, und Futter gab es auch genug und dafür feindliche Raubvögel praktisch gar nicht. Selbst das Wetter war in Australiens Süden durchaus angenehm, nicht so schwül wie im Norden. Da konnte sich der akustisch eigentlich ziemlich sensible Flughund auch mit dem Straßenlärm arrangieren. Jedenfalls genießen Städte mittlerweile in seiner Wohnortwahl absolute Priorität. Denn wie praktisch alle Lebewesen zieht es ihn dorthin, wo er sich wohl fühlt.

Was konkret bedeutet: Wer nicht will, dass die Tiere

sich an Orten ansiedeln, wo man sie nicht haben will, muss diese unattraktiv für Zuzügler machen. Und stattdessen die Attraktivität jener Orte erhöhen, wo man sie haben will. Es geht also um den richtigen Komfort-Abschreckungs-Mix.

Unattraktiv werden Orte vor allem dadurch, dass man dort die Nahrungsreservoirs entfernt. Man darf also die Tiere nicht einfach so füttern, wie das etwa immer noch bei Tauben und Enten oft der Fall ist. Freilaufende Herden mit Schafen und Ziegen müssen umzäunt und von loyalen und wehrhaften Aufpassern wie den Pyrenäenberghunden und Maremmen-Abruzzen-Schäferhunden bewacht werden, um sie vor Wölfen und Füchsen zu schützen. Denn dass ein Wolf lieber ein Reh anstelle eines Schafes reißt, gehört zum bunten Legendenschatz der Tierschutzromantik. Tierschutzrealität ist hingegen, dass sich jedes freilebende Raubtier bei der Jagd gerne die Mühe erspart, der Beute langwierig nachzustellen. Denn das spart Energie, und Energieersparnis gehört zu den wichtigsten Trümpfen im Überlebenskampf. So ist es auch dem Seeadler völlig egal, ob er bei der Fischjagd majestätisch aussieht. Das interessiert nur uns Menschen. Der Vogel selbst hingegen verschmäht auch Fischabfälle nicht.

Womit wir bei einer zentralen Forderung sind, die erfüllt werden muss, um zu verhindern, dass Tier und Mensch aneinandergeraten: Es dürfen nicht mehr so viele Lebensmittelreste auf Straßen, Wiesen, Komposthaufen, Ackerflächen und Mülldeponien landen. Wozu auch zählt, dass Plastikmüll nicht mehr in den hauchdünnen gelben Säcken, sondern nur noch in stabilen Tonnen entsorgt wird. Und auch, dass man überhaupt weniger Lebensmittelreste produziert, beim Einkauf preiswerter und größerer Packungen zurückhaltend ist, denn die werden meistens nicht aufgegessen. Unser Konsumverhalten entscheidet bekanntermaßen über vieles, und dazu zählt, ob und wie oft es zu Konflikten zwischen Mensch und Tier kommt.

Attraktiv werden Orte hingegen für Tiere, wenn sie dort genügend Freifläche, Rückzugsgebiete, Nahrung und Sexualpartner finden. Das ist seit jeher der Sinn von Naturschutzgebieten. Sie sollten allerdings nicht zu klein und außerdem mit geschützten, barrierefreien Biokorridoren miteinander verbunden sein, denn nicht wenige Tiere lieben das Reisen. In Deutschland hat man bereits gute Erfahrungen mit solch einer Vernetzung der Naturschutzgebiete gemacht. Sie trägt zur Artenvielfalt bei und schützt vor Konflikten mit den Wildtieren auf den Straßen und in der Landwirtschaft. In Südamerika soll nach Vorstellungen der kolumbianischen Regierung ein hundertvierunddreißig Millionen Hektar großer Biokorridor quer durch Südamerika angelegt werden. Das Problem dabei: Kolumbien muss nur vierunddreißig Prozent der Fläche dazu beisteuern, Brasilien hingegen den Löwenanteil von zweiundsechzig Prozent, und den Rest von immerhin noch vier Prozent müsste sich Venezuela abzwacken. Bisher steckt das ambitionierte Projekt noch im Planungsstadium.

Wobei Netzwerke aus Naturschutzgebieten nicht der alleinige Königsweg sind, um Mensch und Tier friedlich koexistieren zu lassen. Es gibt noch weitere Areale, mit denen dies möglich ist. Nämlich jene, in denen die Tiere ursprünglich lebten. In ganz normalen Wäldern und Böschungen, auf ganz normalen Äckern und Wiesen. Die Saatkrähe etwa hat ihren Namen nicht, weil sie an Flughäfen herumlungert; genauso wie das Wildschwein seinen Namen nicht dem Umstand verdankt, dass es in Berliner Gärten herumwühlt. Und der Storch hätte niemals den Ruf des Baby-Bringers erworben, wenn er schon immer auf Müllhalden herumgestakst wäre. Sie sind nur vom freien Land weitgehend verschwunden, weil das Leben dort für sie an Attraktivität eingebüßt hat, und dabei spielt die industrielle Landwirtschaft eine wichtige Rolle.

Denn wenn Tiere nur noch im Stall leben und nicht mehr weiden dürfen, geht dies zu Lasten natürlicher Grasflächen und deren Bewohner. Und dass unter dem Druck von Schädlingsvernichtern, Monokulturen und Hochleistungsdüngern wild lebende Pflanzen und Tiere kaum noch eine Überlebenschance haben, liegt auf der Hand. »Jedes zweite Ackerwildkraut steht in mindestens einem Bundesland der Republik auf der Roten Liste«, erklärt Rainer Oppermann vom Mannheimer Institut für Agrarökologie und Biodiversität. »Entsprechend verarmt sind die Tiergemeinschaften der Äcker.« Mit der Folge, dass Tiere wie Wildschwein, Fuchs, Krähe, Reiher und Storch woanders ihr Glück versuchen.

Höchste Zeit also, in der Landwirtschaft auch dem Artenschutz mehr Beachtung zu schenken. Der ökologische Ackerbau bietet hier zwangsläufig die besten Perspektiven. »Er geht mit dem Artenschutz Hand in Hand«, betont Agrarökologe Oppermann. Ein internationales Forscherteam kommt nach Auswertung von vierundneunzig Studien zu dem Schluss, dass die Öko-Landwirtschaft durchschnittlich dreißig Prozent mehr Artenvielfalt zulässt als die industriell-konventionelle Landwirtschaft. Wobei dies nicht nur daran liegt, dass Biobauern keine Problemchemikalien einsetzen. Sie legen in der Regel auch Feldraine, Hecken, Gräben und Buntbrachen an, wo Klein-Biotope mit blüten- und artenreichen Pflanzenbeständen entstehen können. Ein erwünschter Nebeneffekt dieser Mini-Reservate: In ihnen können sich auch Tierarten entwickeln, die Pflanzenschädlingen den Garaus machen und dadurch die Agrarchemie ersetzen können.

Bio-Landwirtschaft trägt also wesentlich dazu bei, dass Tier und Mensch nicht nur auf dem Bauernhof, sondern auch jenseits davon friedlich koexistieren können. Und dieses Argument lässt sich auch nicht durch die geringere Ertragskraft des ökologischen Ackerbaus entkräften. Denn das Welternährungsproblem besteht schon lange nicht mehr darin, dass zu wenig Lebensmittel produziert werden, sondern darin, dass sie nicht gerecht verteilt werden und ein Großteil von ihnen auf den Müll wandert – wo sie dann zur Lebensgrundlage von Tieren werden, die wir nicht unbedingt in unserer Nähe haben wollen.

Entspannt und realistisch bleiben!

Wenn man Unterhaltungen, Internet-Blogs und Medienberichte verfolgt, könnte man den Eindruck bekommen, dass Bedrohungen von seiten der Tierwelt vor allem von Wölfen, Bären, Mardern, Haien, Tigern, Elefanten und anderen größeren Arten ausgehen. Tatsache ist jedoch, dass man diese Konflikte zwar im Auge behalten muss, doch dass sie im Verhältnis zu Gefahren, die von sehr viel kleineren und anpassungsfähigeren Tieren ausgehen, nur eine Nebenrolle spielen. So liegt laut einer Studie der Frankfurter Senckenberg Gesellschaft für Naturforschung der Anteil von Nutztieren auf dem Speiseplan deutscher Wölfe bei unter einem Prozent. Ganz oben auf deren Speisezettel stehen nach wie vor die Rehe, deren Bejagung zwar aufwändiger ist als das Erlegen eines Weideschafs, aber dafür sind sie auch weiter weg vom Menschen, den die scheuen Jäger naturgemäß zu meiden versuchen. Die Zahl der Hai-Angriffe hat zwar 2015 mit fast hundert unprovozierten Attacken und sechs Todesfällen ein neues Rekordhoch erreicht, doch gegenüber den dreitausend Kindern, die alljährlich durch die von Mücken übertragene Malaria sterben, ist das eher eine Bagatelle. Selbst die einheimischen Zecken sind als gefährlicher einzustufen. Denn in manchen Gegenden ist jede dritte von ihnen ein potentieller Borreliose-Überträger, und bei bis zu fünf Prozent findet man den Keim für lebensbedrohliche Frühsommer-Meningoenzephalitis (FSME).

Auch Kraken- und Quallenepidemien sind als problematischer einzuschätzen, da sie in ihrer Masse einen deutlichen stärkeren Einfluss auf die Gesamtumwelt haben als irgendein Hai, der sich einen Surfer vom Brett holt. Ganz zu schweigen von den Ratten, die mittlerweile multiresistente Keime mit sich führen und viel näher dran an uns sind als der Elefant, der in Indien ein Schnapslager leer räumt. Wir müssen realistisch einschätzen, wo wirklich die großen Gefahren für uns bestehen; und entspannt bleiben, wenn sich tatsächlich mal ein Wolf ein Kalb von der Weide geholt hat.

Als JJ1, besser bekannt als Bruno der Bär, im Frühsommer 2006 von Italien aus nach Bayern kam und dabei diverse Haustiere erlegte, stand er wochenlang im Fokus der Medien und öffentlicher Diskussionen. Wobei sich zwei Meinungsfronten unversöhnlich und hysterisch gegenüber standen: die »Kulturschützer«, die das Tier als Gefahr für Landwirtschaft und Sicherheit einstuften und sofort erlegen wollten, und die »Naturschützer«, die den Bären unbedingt am Leben erhalten wollten, weil sie ihn als lange verlorenen, jetzt aber wiederkehrenden Bestandteil der mitteleuropäischen Fauna interpretierten. Beide Ansichten schossen weit über das Ziel hinaus. Denn weder geht von einem einzelner Bär ein sonderliche Gefahr aus, noch ist er ein ernstzunehmender Beitrag zur Rückkehr der Artenvielfalt in deutschen Wäldern. Am Ende wurde er erschossen, was noch einmal für Aufregung sorgte. Bei der Staatsanwaltschaft ging eine Flut von Anzeigen ein, unter anderem gegen den damaligen bayerischen Umweltminister Werner Schnappauf. Zeitgleich rollte das Chikungunyafieber über Indien hinweg. Knapp 1,4 Millionen Menschen erkrankten, und vermutlich starben knapp dreitausend als Spätfolge der Infektion, die durch Stechmücken übertragen wird. Durch Touristen wurde sie noch in die USA und andere Länder exportiert, ein Jahr später traf es mit der italienischen Provinz Ravenna auch Europa. Doch die Schlagzeilen hierzulande gehörten einem Bären, der sein »besonderes Gefährdungspotential« für den Menschen unter Beweis stellte, als er einer Gruppe von Mountainbikern hinterher trottete, die ihn einfach nicht in Ruhe lassen wollten.

Was wieder einmal zeigt, dass viele Konflikte zwischen Tier und Mensch vermeidbar wären, wenn der letztere mehr Empathie an den Tag legen würde.

So lange Menschen denken, dass Tiere nicht fühlen, müssen Tiere fühlen, dass Menschen nicht denken.

Quellenverzeichnis

Amos, W u. a., »Rat eradication comes within a whisker! A case study of a failed project from the South Pacific«, Royal Society Open Science, 20 April 2016

Anstey, M u. a., »Serotonin Mediates Behavioral Gregarization Underlying Swarm Formation in Desert Locusts«, Science 323 (5914), 30 Jan 2009

Baker, Ph u. a., »Cats about town: is predation by free-ranging pet cats Felis catus likely to affect urban bird populations?«, IBIS, 150 (1), Aug 2008

Bentosela, M u. a., »Sociability and gazing toward humans in dogs and wolves: Simple behaviors with broad implications«, Journal of the Experimental Analysis of Behavior 105(1), 2016

Bertone, M u. a., »Arthropods of the great indoors: characterizing diversity inside urban and suburban homes«, PeerJ. 19(4), Jan 2016

Blaisdell, A. u. a., »Causal Reasoning in Rats«, Science, 311, 17 Feb 2006

Bradshaw, GA, »Elephants on the edge: What animals teach us about humanity«, New Haven: Yale University Press, 2009

Bryson, B, »Eine kurze Geschichte der alltäglichen Dinge«, München, 2012

Callaway, Ewen, »Ethiopian jawbone may mark dawn of humankind«, Nature, 4. März 2015

Ceballos, G, »Accelerated modern human-induced species losses: Entering the sixth mass extinction«, Science Advances, 1(5), 19. Juni 2015

Chown, St u. a., »Continent-wide risk assessment for the establishment of nonindigenous species in Antarctica«, PNAS, 109 (13), 2012

Cieri, L u. a., »Craniofacial Feminization, Social Tolerance, and the Origins of Behavioral Modernity«, Current Anthropology, 55 (4); 2014

»corticosterone titres in zebra finches«, Hormones and Behavior, 52(4); 2007

Davis, D, »A perspective on rat control«, Public Health Rep, 67(9), 1952

Dirzo, R u. a., »Defaunation in the Anthropocene«, Science 345 (401), 2014

Doubleday, Z u. a., »Global proliferation of cephalopods«, Current Biology, 26 (10); 2016

Elwood, RW/Appel, M, »Pain in hermit crabs?« Anim Behav 77, 2009

Elwood, Robert, »Pain and Suffering in Invertebrates?«, ILAR J, 52(2), 2011

Empson, Raewyn/Miskelly, Colin, »The risks, costs and benefits of using brodifacoum to eradicate rats from Kapiti Island, New Zealnd«, New Zeal J of Ecology, 23(2), 1999

Gemmell, B u. a., »Passive energy recapture in jellyfish contributes to propulsive advantage over other metazoans«, PNAS, 110(44); 2013

Gillespie, M, u. a., »Transcriptome analysis of pigeon milk production – role of cornification and triglyceride synthesis genes«, BMC Genomics 14, 2013

Guenther, S u. a., »Frequent Combination of Antimicrobial Multiresistance and Extraintestinal Pathogenicity in Escherichia coli Isolates from Urban Rats (Rattus norvegicus) in Berlin, Germany«, PLOS one, 26. November, 2012

Güntürkün, O/Bugnyar, Th, »Cognition without Cortex«, Trends in Cognitive Sciences, 20(4), 2016

Haag-Wackernagel, D/Moch, H, »Health hazards posed by feral pigeons«, J Infect. 48(4), 2004

Haag-Wackernagel, Daniel, »Regulation of the Street Pigeon in Basel«, Wildlife Society Bulletin 23 (2), 1995

Hare, B/Tomasello, »Human-like social skills in dogs?«, Trends in Cognitive Sciences, 9(9), 2005

Hribal, J, »Fear of the animal planet. The hidden history of animal resistance«, Petrolia, 2010

Junker, J u. a., »Recent decline in suitable environmental conditions for African great apes«, Diversity and Distributions, 18(11), 2012

Linz, G u. a., »European Starlings: A review of an invasive Species with far-reaching Impacts«, Managing Vertebrate Invasive Species: Proceedings of an International Symposium, National Wildlife Research Center, Fort Collins, 2007

Loss, SC u. a., »The impact of free-ranging domestic cats on wildlife of the United States«, 12. Dez 2013

Martins, TLF u. a., »Speed of exploration and risk-taking behavior are linked to

Mcruer, D u. a., »Free-roaming cat interactions with wildlife admitted to a wildlife hospital«, Journal of Wildlife Management, 25. Dez. 2016«

National Science Foundation, »Jellyfish go wild«, *http://www.nsf.gov/news/special_reports/jellyfish/*

Osvath, M, »Spontaneous planning for future stone throwing by a male chimpanzee«, Current Biology, 19(5), 2009

Patterson, L u. a., »Physiological stress responses in the edible crab Cancer pagurus to the fishery practice of de-clawing«, Mar Biol 152, 2007

Potter, A/Mills, D, »Domestic cats (Felis silvestris catus) do not show signs of secure attachment to their owners«, PLoS ONE 10(9), 2015

Puckett, E u. a., »Global population divergence and admixture of the brown rat (Rattus norvegicus)«, Proceedings of the royal society, Biological Sciences, 19. Okt 2016

Raoult, D u. a., »Evidence for Louse-Transmitted Diseases in Soldiers of Napoleon's Grand Army in Vilnius«, Journal of Infectious Diseases, 193(1), 2006

Redfern, P, »Chimps Preying On Human Babies in Uganda«, The East African, 4. Jan 2004

Reichholf, J, »Rabenschwarze Intelligenz: Was wir von Krähen lernen können«, München, 2011

Rolin, Jean, »Einen toten Hund ihm nach. Reportagen von den Rändern der Welt«, Berlin, 2012

Sangaré, A u. a., »Management and Treatment of Human Lice«, BioMed Research International, Article ID 8962685, 2016

Sato, N u. a., »Rats demonstrate helping behavior toward a soaked conspecific«, Animal Cognition, 18(5), 2015

Shine, Richard, »The ecological impact of invasive cane toads (Bufo marinus) in Australia«, Q Rev Biol, 85(3), 2010

Shipman, Pat, »The Invaders: How Humans and Their Dogs Drove Neanderthals to Extinction«, Cambridge, 2015

Siraj, AS u. a., »Altitudinal Changes in Malaria Incidence in Highlands of Ethiopia and Colombia«, Science 343 (6175), 7. März 2014

Stewart, Amy, »Wicked Bugs«, London, 2011

Sullivan, R, »Rat Tales«, New York Times, 22. Feb 2004

Tuck, S u. a., »Land-use intensity and the effects of organic farming on biodiversity: a hierarchical meta-analysis«, J Appl Ecol 51(3), 2014

Urban, MC u. a., »The cane toad's (Chaunus [Bufo] marinus) increasing ability to invade Australia is revealed by a dynamically updated range model«, Proceedings of the royal society, 7 Juni 2007

Wagner, C u. a., »Wolf (Canis lupus) feeding habits during the first eight years of its occurrence in Germany«, Mammal Biol, 77(3), 2012

Ward-Fear, G u. a., »Using a native predator (the meat ant, Iridomyrmex reburrus) to reduce the abundance of an invasive species (the cane toad, Bufo marinus) in tropical Australia«, J Appl Ecology, 10 Feb 2010

Weimerskirch, H u. a., »Changes in Wind Pattern alter Albatross Distribution and Life-History Traits«, Science, 335 (6065), 13. Jan 2012

Willson, SK, »Birds be safe: Can a novel cat collar reduce avian mortality by domestic cats (Felis catus)?«, Global Ecology and Conservation, 3(C), 2015

Witte, Volker in »Rundgespräche der Kommission für Ökologie«, Bd. 43 »Soziale Insekten in einer sich wandelnden Welt«, S. 125–134, München, 2014

Zittra, C u. a., »Ecological characterization and molecular differentiation of Culex pipiens complex taxa and Culex torrentium in eastern Austria«, Parasites & Vectors, 11. April 2016

Jörg Zittlau

VERTRAU
AUF DEIN
GLÜCK

Eine philosophische
Gebrauchsanleitung
für den Alltag

Taschenbuch
ISBN: 978-3-7466-3227-8 € 9,99 [D]
ÖSTERREICH € 10,30 [A]

Wenn ihr denkt: Ich atme, so ist das Ich etwas Hin-
zugefügtes. Es gibt kein Du, das Ich sagen könnte.
Was wir Ich nennen, ist nichts als eine Schwingtür,
die sich bewegt, wenn wir ein- und ausatmen. Sie be-
wegt sich – das ist alles. Wenn euer Geist rein und
ruhig genug ist, dieser Bewegung zu folgen, ist da
nichts: kein Ich, keine Welt, weder Geist noch Körper,
nur eine Schwingtür.

Suzuki Shunryū (1905–1971)

Der Atem zeigt uns: Es gibt kein Ich. Also ergibt es
keinen Sinn, sich ans Ich zu klammern. Im Gegenteil.
Dieses Verhaftetsein an unsere angebliche Individua-
lität sorgt nur dafür, dass unsere tatsächlichen Res-
sourcen nicht aus dem Inneren ans Tageslicht treten
können. Wer dauernd daran denkt, wie er als Manager wirkt, wird ein schlechter Manager sein. Wer dau-

ernd daran denkt, wie er als Musiker wirkt, wird ein schlechter Musiker sein. Denn die abstrakte Rolle dessen, was wir zu sein wünschen, erdrückt die konkrete Wahrheit dessen, was wir wirklich sind. Also: Befreien Sie sich von Ihrem individuellen persönlichen Ballast! Vergessen Sie, wer Sie sind! Am besten ist sogar, Sie vergessen, *dass* Sie überhaupt sind! Lassen Sie sich nur einnehmen von dem, was in der Gegenwart ist! Versenken Sie sich in Ihre aktuellen Tätigkeiten, ohne all das »Ich bin das und das« und »Ich kann das und das« in Ihrem Hinterkopf und auch ohne Wünsche, jetzt doch lieber irgendetwas anderes machen zu wollen (»Wäre ich doch das und das!«, »Könnte ich doch das und das!«).

Wenn Sie Musik machen, dann machen Sie Musik, versenken Sie sich in das Stück, das Sie gerade spielen. Und wenn Sie Ihre Wohnung tapezieren, sollten Sie, wenn Sie es ernst mit sich und Ihrer Wohnung meinen, es genauso machen – denn was nützt es Ihnen, wenn Sie an etwas anderes denken? Denn davon geht Ihnen das Tapezieren auch nicht schneller und gewissenhafter von der Hand! Nur wenn Sie das, was Sie gerade tun, hingebungsvoll und ohne Vorbehalte tun, erlangen Sie Gewissheit über das, was Sie sind und was Sie wirklich können.

Wenn du etwas tust, verbrenne dich ganz.
Wie in einem Freudenfest, keine Spur soll von dir
bleiben.

Daisetz Teitaro Suzuki (1870–1966)

Es ist überaus erbauend, aber auch ungemein schwer, sich – zumindest gelegentlich – vom eigenen Ich zu verabschieden. Ständig schwirren irgendwelche Gedanken jenseits des aktuellen Augenblicks in unserem Kopf herum: Wir hadern mit dem, was war und nicht mehr zu ändern ist, und beschäftigen uns angst- oder hoffnungsvoll mit dem, was noch kommen wird. Wir denken daran, wie sich wohl unsere Aktien entwickeln werden und was wir mittags in der Kantine zum Essen zu erwarten haben. Unser »Heuschreckengeist« (so nennt ihn der Zen-Buddhismus) schickt uns im Zickzack von einer Ecke in die andere, anstatt dass wir einfach im Augenblick aufgehen.

Dabei müssten wir eigentlich aus eigener Erfahrung wissen, dass nicht nur die glücklichsten, sondern auch die kraftvollsten Augenblicke jene Momente sind, in denen man sich selbst vergisst. Egal, ob Fußballer, Bergsteiger oder Tennisspieler, am glücklichsten und gleichzeitig effektivsten sind sie, wenn sie »wie im Rausch spielen«. Bleibt die Frage, was uns Durchschnittsmenschen das für den Alltag bringt. Die Antwort: Selbstvergessenheit ist für jeden da, nicht nur für Genies und andere Ausnahmemenschen. Erinnern Sie sich an den glücklichsten Moment, den Sie mit Ihrem Lebenspartner hatten! Sprachen Sie da etwa über Ihre gemeinsame Alters vorsorge, oder aber haben Sie in diesem Moment nicht einfach sich selbst und alles um Sie herum vergessen?